U0347649

滨海地区水资源可持续管理与决策支持系统

刘青勇　张保祥　孟凡海　陈学群
宋瑞勇　李玲玲　张　欣　刘海娇　　编著
杨世杰　吴泉源　王爱芹

中国水利水电出版社
www.waterpub.com.cn

内 容 提 要

　　本书为科技部国际科技合作与交流计划项目"滨海地区水资源综合管理技术研究"（编号为 2007DFB70200）的第二专题的成果专著。本书内容包括研究区概况、水资源优化配置、海水入侵数值模拟及预测、地下水保护技术、水资源管理决策支持系统以及水资源利用综合措施。

　　本书可供从事水利水电工程技术的科研、管理机构的设计、施工专业技术人员及相关高等院校师生参考使用。

图书在版编目（CIP）数据

　　滨海地区水资源可持续管理与决策支持系统 ／ 刘青勇等编著. -- 北京：中国水利水电出版社，2014.5
　　ISBN 978-7-5170-2291-6

　　Ⅰ．①滨… Ⅱ．①刘… Ⅲ．①海滨－水资源管理－决策支持系统－研究 Ⅳ．①TV213.4

　　中国版本图书馆CIP数据核字(2014)第269754号

书　　名	**滨海地区水资源可持续管理与决策支持系统**
作　　者	刘青勇　张保祥　等 编著
出版发行	中国水利水电出版社
	（北京市海淀区玉渊潭南路 1 号 D 座　100038）
	网址：www.waterpub.com.cn
	E-mail：sales@waterpub.com.cn
	电话：（010）68367658（发行部）
经　　售	北京科水图书销售中心（零售）
	电话：（010）88383994、63202643、68545874
	全国各地新华书店和相关出版物销售网点
排　　版	北京三原色工作室
印　　刷	北京九州迅驰传媒文化有限公司
规　　格	170mm×240mm　16 开本　11.75 印张　230 千字
版　　次	2014 年 5 月第 1 版　2014 年 5 月第 1 次印刷
定　　价	**42.00 元**

　　凡购买我社图书，如有缺页、倒页、脱页的，本社发行部负责调换

前　　言

　　滨海地区是我国经济改革的窗口，经历了 30 余年的迅速发展，成为我国一个重要而又独特的经济区域。同时，滨海地区因资源开发、工程建设以及海平面上升引起的环境问题日趋显著。随着经济社会的快速发展，水资源短缺问题越来越严重。针对滨海地区水资源可持续利用问题，"滨海地区水资源可持续管理与决策支持系统研究"作为科技部国际科技合作与交流项目"滨海地区水资源综合管理技术研究"（编号为 2007DFB70200）的第二课题，以龙口市为例开展了滨海地区水资源管理方案、水资源决策支持系统与优化配置、地下水数值模拟与地下水保护等多方面探索研究，取得了以下成果：

　　（1）分析了水资源和水环境现状，建立了水资源承载力计算模型和水资源优化配置模型。选择了人口数量、经济规模 GDP、粮食产量以及景观生态环境用水量等指标，定量计算了不同水平年不同供水保证率条件下的水资源承载力；利用 WEAP 软件，建立了未来不同规划水平年水资源优化配置模型和综合评价模型，求得了不同规划水平年不同保证率下各方案的社会效益、经济效益以及环境效益。

　　（2）采用 Feflow 软件建立了龙口市平原区三维饱和介质、非稳定流和瞬变溶质运移模型，揭示了地下水流场和浓度场的变化规律，为海水入侵的防治提供了技术支撑。

　　（3）在区域地下水保护方面，建立了基于 MapGIS 的地下水本质脆弱性和硝酸盐氮特殊脆弱性评价体系和评价标准；采用模糊物元方法对其进行了评价，同时对地下水的污染风险进行了综合评价；采用时间标准法，将地下水运移 60 日、10 年和 25 年的等值线作为地下水保护区边界；利用分析单元法 WhAEM 2000 计算模型对区内两个地下水源地进行了保护区划分。

（4）建立了基于 GIS 的龙口市水资源管理决策支持系统。该系统构建了水资源优化配置，水资源数值模拟、评价、保护、实时监测和数据库管理等功能模块，形成独特的技术体系。

（5）针对滨海地区水资源可持续利用存在的问题，提出了解决滨海地区水资源危机的综合工程和非工程措施和技术方案。

本课题由山东省水利科学研究院承担完成，共分为 5 个专题，其中"水资源优化配置模型"、"海水入侵数值模拟及预测"、"地下水保护技术"、"水资源利用综合措施"由山东省水利科学研究院负责完成，"水资源管理决策支持系统"由山东师范大学负责完成，龙口市水务局承担完成了项目示范工程建设、观测试验以及数据库建设，德方专家参加了研究方案的制定。本书第 1 章由刘青勇、宋瑞勇、孟凡海撰写，第 2 章由宋瑞勇、刘青勇撰写，第 3 章由陈学群撰写，第 4 章由张保祥、李玲玲、张欣、刘海娇撰写，第 5 章由吴泉源、杨世杰撰写，第 6 章由刘青勇、宋瑞勇撰写。全书由刘青勇、张保祥、王爱芹统一整理和编撰。

在此，作者谨向给予本课题和本书支持、帮助的各位领导和专业技术人员致以衷心的感谢！并衷心期望得到对本书的批评指正。

作者

2014 年 5 月于济南

目　　录

第1章 研究区概况

1.1 自然地理

研究区地处胶东半岛北部,东经 120°13′14″~120°50′48″,北纬 37°21′15″~37°47′24″,西部、北部濒临渤海,呈枫叶状。研究区域包括龙口市行政区及区内各流域境外部分,陆地面积 1506.3km² (含桑岛、依岛),其中龙口市行政区面积为 901km²;黄水河流域境外部分涉及蓬莱市、招远市、栖霞市部分地区;泳汶河流域境外部分涉及招远市部分地区;其他流域境外部分涉及招远市部分地区;研究区内蓬莱市、招远和栖霞市面积分别为 327.5km²、152.6km² 和 125.2km²。城区主要集中在龙口市境内,建成区面积 40.73km²,主要分布在东莱街道、新嘉街道、龙港街道和开发区。研究区范围如图 1-1 所示。

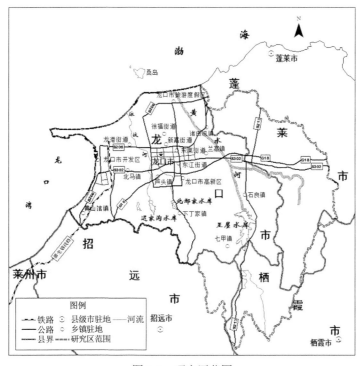

图 1-1 研究区范围

1.1.1　地形地貌

研究区地处胶东低山丘陵北部，总的地形是东南高、西北低，南部为低山丘陵，北部为平原，山区丘陵与平原面积约各占一半。研究区地貌受地质构造、岩相及古地理所控制，按其成因类型分为四个区：①构造剥蚀低山丘陵区；②剥蚀堆积山前台地；③侵蚀堆积倾斜平原区；④堆积海滨条带阶地。研究区土壤大致可分为棕壤、潮土及褐土三大类。按照全国植被区划，研究区属暖温带落叶林、针叶林区域。栽培作物以小麦、玉米为主，山地基本上连年种植白薯和花生。

1.1.2　气象水文

研究区属暖温带半湿润季风型大陆性气候，季风进退明显，四季分明，雨热同期，降雨季节性强。春季干燥多风，秋季天高气爽，春秋两季均干旱少雨；冬季受蒙古高气压冷气团控制，多偏北风，寒冷干燥；夏季亚热带太平洋暖气团势力增强，盛行东南、西南季风，天气炎热，雨量集中。多年平均气温 12.2℃，月气温最高出现在 7 月，平均 25.6℃，极端最高气温 40.6℃（2009 年 6 月 25 日），月气温最低出现在 1 月，平均–2.2℃，极端最低气温–21.3℃（1977 年 1 月 30 日）。终霜日为 4 月 17 日，初霜日为 10 月 26 日，无霜期 190～210d，热量资源较丰富，年日照时数 2794h，年太阳总辐射量（气候计算值）127.8kcal/(cm²·a)❶，光能资源在山东省和烟台市均属高值区。

根据 1960—2007 年降水资料分析，研究区多年平均降水量 603mm。降水量在地域的分布上是不均衡的，南部山区降水量较大，北部平原区降水量较小，趋势是由东南山区的 637mm 向西北平原区递减到 534mm。降水量年内变化较大，73%集中在 6—9 月，仅 7—8 月降水量就占了全年的 50%，这种降雨常常出现春旱、夏涝、晚秋又旱的现象。降水量年际变化大，丰枯交替出现，1964 年为丰水年，年降水量高达 1046.2mm，是多年平均降水量的 173.5%，1989 年是枯水年，年降水量仅为 329.3mm，是多年平均降水量的 52.3%，丰枯年降水量级差达 716.9mm，丰枯之比高达 3.18。

多年平均水面蒸发量 1250mm，相对湿度 69%。蒸发量由东南向西北递增，在年内变化也比较大，3—6 月占全年的 46.1%，接近一半，蒸发量最大在 5 月，最小在 1 月。多年平均径流深 168mm，天然径流量 2.53 亿 m³。河川径流量由降水补给，其时空变化规律基本与降水一致，受下垫面条件和流域面积的影响，在地域分布上的变化比降水量的变化要大，汛期径流量占全年径流量的 80%以上，年径流深的分布趋势是由东南向西北减少，东南山区多年平均径流深 170mm 左右，西

---

❶ 1cal=4.1868J。

北平原区多年平均径流深 100mm 左右。

1.1.3 河流水系

研究区境内河流皆源于南部山区，曲折流向西北，主要河流有黄水河、泳汶河、北马南河、八里沙河等。黄水河是流经研究区的最大河流，发源于栖霞市的主山，干流长 55km，流域面积 1034.47km^2。泳汶河是研究区第二条较大河流，发源于下丁家镇的罗山，干流长 38km，流域面积 205km^2。

1.1.4 水文地质

研究区在构造上位于鲁东断块之胶北块隆的西北部，发育有两条主干断裂，即近东西向的黄县大断裂和北东向的玲珑—北沟断裂。这两条断裂把研究区分割为三个较大的块体，北部为断陷盆地，南部与东部皆为断隆山地。

黄县大断裂以北为中生代形成的断陷盆地，基底为元古界石英岩等，盖层为下白垩系碎屑岩、下第三系煤系地层，厚达千余米，第四系松散沉积物广泛分布，其厚度为 30～100m，局部地段可达百米以上，呈西厚东薄的沉积差异。区内含水层多见 2～3 层，总厚度为 1～15m，平均厚度 6.2m 左右。含水层岩性以粗砂、中砂为主，次为砾卵石，大都含有少量黏性土。

1.1.4.1 地下水类型及特征

地下水埋藏深度一般为 6.2m 左右，含水层中为孔隙潜水，但局部呈现微承压状态，透水性、富水性虽不均一，但一般较好，属于中等—强富水层，单井涌水量一般大于 50m^3/h，部分地段在 50m^3/h 以下。东部黄水河流域地下水较为丰富，个别机井涌水量达 300m^3/h 左右，是工农业及城市生活用水较理想的水源地。本区地下水主要由大气降水补给，其次由河水渗漏补给及山丘区地下水侧向补给，地下水流向与地表水流向大致相同，总趋势自东南向西北，沿途被大量开采用于工农业生产及人畜饮水，其余部分排入渤海。

龙口市地下水按成因类型分为松散岩类孔隙水、碳酸盐岩类裂隙岩溶水及基岩裂隙水三种类型。

（1）松散岩类孔隙水

此类主要为地下水类型，广泛分布于黄水河中下游冲洪积平原、山前倾斜平原、滨海堆积及黄水河故道中，是地下水主要开采区，含水层由 alQ$_4$ 砾质粗砂、mQ$_4$ 粗中细砂、pl-alQ$_4$ 砾质粗砂、pl-alQ$_2$ 中粗砂组成。按其埋藏条件为潜水，局部为潜水—承压水。

（2）碳酸盐岩类裂隙岩溶水

此类分布在北沟—玲珑断裂以东及黄县大断裂以南残丘区。埋藏于 Pxt 厚层灰

3

岩、薄层—中厚泥质灰岩、白云质灰岩裂隙岩溶中。虽然灰岩裂隙岩溶比较发育，但多被黏土充填，透水性弱，单井涌水量小于 $100m^3/d$。而沿北沟—玲珑断裂带，岩石破碎，岩溶发育，且由于断层上盘（西北盘）为第三系黏土岩、砂砾岩，透水性弱，构成阻水边界，断裂带及影响带内富水，单井涌水量可达 $1200 \sim 1680m^3/d$。

（3）基岩裂隙水

此类分布于黄县大断裂以南的山丘区，主要埋藏于 P_{nt} 千枚岩、片岩；Kl_q 安山凝灰角砾岩；N_t 砂砾岩；γ_5^2 花岗岩及花岗片麻岩风化裂隙、构造裂隙中。由于基岩风化裂隙仅发育在 $5 \sim 10m$ 深度内，且多被充填，透水性弱，单井涌水量一般 $60 \sim 90m^3/d$。地下水为潜水，局部为承压水。在大断裂带，特别是断裂交汇处，构造裂隙发育，若具有良好的地下水补给、储存条件，往往形成局部富水带。

1.1.4.2　含水层特征

黄县大断裂以北为中生代形成的断陷盆地，基底为元古界石英岩等，盖层为下白垩系碎屑岩、下第三系煤系地层，厚达千余米，第四系松散沉积物广泛分布，其厚度为 $30 \sim 100m$，局部地段可达百米以上，呈西厚东薄的沉积差异。区内含水层多见 $2 \sim 3$ 层，总厚度为 $1 \sim 15m$，平均厚度 $6.2m$ 左右。含水层岩性以粗砂、中砂为主，次为砾卵石，大都含有少量黏性土。地下水埋藏深度一般为 $6.2m$ 左右，含水层中为孔隙潜水，但局部呈现微承压状态，透水性、富水性虽不均一，但一般较好，属于中等—强富水层，单井涌水量一般大于 $1200m^3/d$，部分地段在 $1200m^3/d$ 以下。东部黄水河流域地下水较为丰富，个别机井涌水量达 $7200m^3/d$ 以上，是工农业及城市生活用水较理想的水源地。

东南部的断块山地分布广泛的主要是中生代早期和晚元古代的花岗岩，其次是新生代的玄武岩。花岗岩和花岗片麻岩中的构造裂隙含水层呈线状或带状分布，其富水性和透水性都较弱，可进行小水量、多布点的开采，无较大的供水意义。玄武岩中一般为透水或不含水，局部含水，其钻井的出水量在 $200m^3/d$ 以下。蓬莱群中的结晶灰岩和泥灰岩含水，有较丰富的岩溶裂隙水，可作为一般工农业供水水源，单井涌水量为 $480 \sim 960m^3/d$，但分布范围非常局限，约 $14km^2$。

1.1.4.3　地下水径流、补给及排泄条件

北部断陷盆地地下水主要受大气降水补给，其次为地表水渗漏补给，部分为山丘区基岩裂隙水侧向补给。地下水流向受地形控制，总趋势是东南向西北径流，大致与地表水流向相同。其排泄途径主要是大量开采用于工农业生产及人畜饮水，剩余部分向渤海排泄，起着阻止海水内侵的作用。但是，由于多年来区域地下水的"采"大于"补"，致使沿海地区出现了大面积的海水地下入侵污染。

东南部的断块山地地下水主要靠大气降水补给，同时接受蓬莱、栖霞及招远地表径流的补给。地下水流向受地形控制，大致与地表水流向相同。其排泄途径

主要以潜流形式侧向补给平原区地下水，其次是以季节性泉水转化为地表径流或以大口井、管井、方塘等形式进行人工开采。

1.1.4.4 地下水动态特征

（1）地下水动态类型

根据龙口市地下水位长期观测孔的观测资料，市内地下水动态类型大致可分四种类型：

1）降雨开采型。市内地下水大部分属于此种类型，地下水动态变化直接受大气降水、河川径流及人工开采条件的控制。汛期降雨后，地下水位明显升高，且与降水时间基本同步，水位回升峰值一般出现在 8 月、9 月，回升幅值随降雨量大小而异。地下水位最低值一般发生在 4 月、5 月，下降幅度大小随附近工农业开采量大小而异。

2）人工补给开采型。1989 年 9 月龙口市水利局在黄水河下游主干河道及主要支流内建设了人工补源工程，位于黄水河地下水库中部黄水河岸边的地下水动态变化主要受人工开采和人工补源条件的控制。

以上两种类型地下水动态变化特征表明，区内地下含水层补偿能力强，有利于地表水向地下水的转化。

3）山前补给型。此种类型的地下水动态变化与大气降水及人工开采关系不大。如诸由观镇魏家 12A 长观孔，由于靠近北沟—玲珑断裂及灰岩裂隙岩溶水区，具有一定的补给条件，地下水位高程一直保持在 24.62～25.86m，变化不大。

4）降雨海侵型。主要分布于沿海一带，由于受海水入侵的影响，地下水动态变化不大。

（2）地下水动态分析

在时间上，由于受大气降水季节、年际分配不均的影响，市内地下水动态变化严格受季节影响较大，年内枯水季节地下水位下降，丰水季地下水位上升；年际连续枯水年地下水位大幅度持续下降，丰水年或连续丰水年，地下水位回升幅度较大。在空间上，由于受含水层厚度、透水性及补给条件的影响，在黄水河地下水库中部及河两岸地带含水层赋水能力较强，而在边缘地带较差。

1.2 社 会 经 济 概 况

1.2.1 人口状况

2007 年研究区辖 20 个乡镇（办事处），总面积 1506.3km²，全区总人口 92.07 万人，其中城镇人口 29.22 万人，农业人口 62.85 万人，城市化率 31.74%，人口密度平均 611 人/km²。

1.2.2　地区生产总值及产业结构

研究区自然资源丰富，南部山区分布有黄金、石灰石、火山灰、氟石、花岗岩、大理石等，地热资源丰富，北部平原地下藏有大量褐煤、长焰煤和油页岩，沿海滩涂广阔，盛产各种海产品，渤海还有浅海石油和天然气资源。拥有工业企业 3000 多处，形成了能源、机械、化工、轻工、纺织、建材、农产品加工等行业为主体的工业体系。

2007 年研究区国内生产增加值 575 亿元。其中，第一产业增加值为 45 亿元，第二产业工业增加值为 340 亿元、建筑业增加值为 17 亿元，第三产业增加值为 173 亿元，其中第一产业、第二产业、第三产业的比例为 7.8:62.1:30.1。全区人均生产总值 62436 元，高于全省平均水平（2007 年山东省人均生产总值为 27723 元）。

研究区产业结构日趋优化，工业经济平稳增长，铝制品、汽车及零部件、食品、纺织皮革、化工建材、果品加工为本区的主导产业。农业综合产出能力持续增强，有耕地面积 41.81 万亩，其中，有效灌溉面积 40.66 万亩，实灌面积 30.19 万亩。实灌面积中水浇地灌溉面积、菜田灌溉面积分别为 31.58 万亩、9.08 万亩，粮食总产量为 17.95 万 t。有大牲畜存栏 2.30 万头，小牲畜存栏 45.56 万头，合计 47.86 万头。

1.2.3　城市建设情况

研究区内城区主要集中在龙口市，截至 2007 年，研究区城市建成区面积 40.73km²，其中，居住用地 10.44km²，公共设施用地 4.99km²，工业用地 5.63km²，仓储用地 2.17km²，交通用地 2.28km²，道路广场用地 6.59km²，市政用地 1.96km²，绿地 6.67km²。

1.2.4　农林渔畜状况

2007 年，研究区现有耕地面积 41.81 万亩，其中，有效灌溉面积 40.66 万亩，实灌面积 30.19 万亩。实灌面积中水浇地灌溉面积、菜田灌溉面积分别为 31.58 万亩、9.08 万亩，粮食总产量为 17.95 万 t。2007 年，研究区有大牲畜存栏 2.30 万头，小牲畜存栏 45.56 万头，合计 47.86 万头。

1.3　水　资　源　分　区

根据流域与行政区域有机结合，保持行政区域和流域分区的统分性、组合性和完整性的原则，并充分考虑水资源管理的要求，进行水资源分区。为了与以往规划成果较好衔接，本次研究范围水资源分区划分为黄城区、龙口开发区、西部平原区、东部井灌区、东部井渠双灌区、南部山丘区。研究区水资源各分区分布及面积见表1-1。

表1-1　龙口市各水资源分区

| 水资源分区 | 代码 | 所辖乡镇 | | | | 面积/km² |
		龙口	蓬莱	招远	栖霞	
东城区	I	东莱街道、新嘉街道				52.0
西城区	II	龙港街道北部				33.68
西部平原区	III	徐福街道、北马镇北部、龙港街道东部及南部地区				157.33
南部山丘区	IV	黄山馆镇、北马镇、芦头镇、下丁家镇、兰高镇南部、石良镇南部、七甲镇	村里集镇	张星镇部分地区、阜山镇	苏家店镇	720.40
东部井灌区	V	诸由观镇	北沟镇			291.76
东部井渠双灌区	VI	兰高镇北部、石良镇北部	小门家镇			251.13

1.4　水　资　源　量

1.4.1　降水量

研究区的水资源主要来自于大气降水，目前研究区内共有23个雨量观测站，分布在每个乡镇和3个大中水库。每个水资源分区的雨量按其雨量代表站计算，各区的雨量代表站见表1-2。对大气降水进行长系列连续观测，根据实际降水量观测资料，按1960—2007年水文系列加权计算的分区及研究区降水量见表1-3及表1-4。

表1-2　研究区各水资源分区雨量代表站

水资源分区	水资源区的雨量代表站
黄城区	东莱
龙口开发区	龙港
西部平原区	徐福
南部山丘区	七甲
东部井灌区	诸由观
东部井渠双灌区	石良

表 1-3　各水资源分区降水量计算成果　　　　单位：mm

水资源分区	多年平均	不同频率		
		50%	75%	95%
东城区	579.8	575.2	453.3	283
西城区	597.4	574.1	512.1	366
西部平原区	561.9	537.9	453.3	358
南部山丘区	595.9	616.9	484.4	331
东部井灌区	555.9	543	442.5	320
东部井渠双灌区	632.4	624.9	481.4	339
研究区	585.5	577.1	478.9	338

表 1-4　研究区 1960—2007 年降水量计算成果

行政分区	统计年份	统计参数			不同频率年降水量/mm		
		均值	C_V	C_S/C_V	50%	75%	95%
龙口	1960—2007	581.51	0.26	2.5	565.2	472.7	363.7
蓬莱	1960—2007	612.3	0.26	2.5	608.9	493.6	396.2
招远	1960—2007	576.4	0.26	2.5	555.2	470.3	359.2
栖霞	1960—2007	580.6	0.26	2.5	558.3	472.5	360.1
研究区	1960—2007	585.5	0.26	2.5	577.1	478.9	338

研究区 6 个水资源分区的多年平均降水量差距不大，其中东部井渠双灌区最大，为 632.4mm；东部井灌区年均降水量最小，为 555.9mm。

研究区 1960—2007 年平均年降水量为 585.5mm，C_V=0.26，取 C_S/C_V=2.5。其中 1964 年降水量最多为 1046.2mm，研究区的降水量存在下降趋势，且存在连续枯水年或连续丰水年。1969—1980 年平均降水量在 586.02mm 之上，属连续丰水年，1981—1993 年平均降水量在 586.02mm 之下，属连续枯水年。

1.4.2　地表水资源量

研究区地域西、北临海，东、南部基本以山的分水岭为界。研究区龙口市境内自东向西按流域分为黄水河流域、曲栾河流域、泳汶河流域、龙口河流域、北马南河流域、八里沙河流域、界河流域；研究区蓬莱市境内分为黄城集河流域、荆家河流域和丛林寺河流域；研究区招远市境内分为黑山河流域、南栾河流域、八里沙河流域；研究区栖霞境内分为苏家店河流域和阜山河流域。地表水资源量主要是天然径流量。

8

研究区 1970—2007 年多年平均天然径流量 25159 万 m^3，50%、75%、95%频率天然径流量分别为 24892 万 m^3、13240 万 m^3、6530 万 m^3。境内各流域天然径流量见表 1-5。

表 1-5　研究区各流域天然径流量　　　　　　单位：万 m^3

行政分区	流域	多年平均	50%	75%	95%
龙口	黄水河	7791	6622	3973	1589
	曲栾河	757	653	386	154
	泳汶河	3237	2751	1651	660
	龙口河	704	599	359	144
	北马南河	931	791	475	190
	八里沙河	527	448	269	108
	界河	341	290	174	69
	小计	14289	12145	7287	2915
蓬莱	黄城集河	3396	3169	1855	980
	荆家河	292	271	90	20
	丛林寺河	360	350	170	35
	小计	4048	3985	2104	998
招远	黑山河	872	812	435	215
	南栾河	298	248	115	72
	八里沙河	22	21	7	0
	小计	1192	1068	529	227
栖霞	苏家店河	3420	3327	2010	1017
	阜山河	2210	2046	983	556
	小计	5630	5587	2731	1103
研究区		25159	24892	13240	6530

地表水资源量通常是指河流、湖泊等地表水体中由当地降水形成、可以逐年更新的动态水量，用天然河川径流量表示。本次分析计算研究区多年平均地表水资源量为 25159 万 m^3。

1.4.3　地下水资源量

地下水天然资源量是指受天然水文周期控制呈现规律变化的地下水多年平均补给量。地下水主要来自于降水入渗补给，其次为侧向补给。

　　山丘区地下水主要来自降雨入渗补给，由于地形、地貌、地层岩性和水文地质条件不同，降雨入渗补给参数只能确定一个综合值来计算，再根据山丘区多年平均地下水补排平衡原理，以其总排泄量作为地下水补给量来校核。

　　平原区分别计算降水入渗补给量、河道及地表水体渗漏补给量、山前侧渗补给量、渠灌入渗补给量以及排泄入海量。东部井灌区在沿海一带筑有地下挡水坝截堵潜流，排泄入海量可不计，潜水蒸发量极限埋深为 3m，各分区地下水埋深在 6m 左右，本次计算对此量忽略不计。平原区地下水观测网密度较高，利用实际观测的资料，采用分析计算法进行了校验。计算地下水资源量所用参数见表 1-6。

表 1-6　各分区计算地下水资源量参数

水资源分区	降雨入渗	灌溉回归	渠道渗漏
东城区	0.08	0.18	0.2
西城区	0.09	0.2	0
南部山丘区	0.1	0.16	0.15
东部井渠双灌区	0.17	0.2	0
东部井灌区	0.18	0.21	0.18
西部平原区	0.16	0.12	0

　　各项的计算过程如下。由降雨入渗产生的地下水资源量为各区的降雨量乘各区的降雨入渗系数；由灌溉回归产生的地下水资源量为各区的灌溉水量乘灌溉回归系数；由渠道渗漏产生的地下水资源量为各区渠道中的水量乘渠道渗漏系数。

$$W_{降雨入渗_i} = P_i \alpha_i$$
$$W_{灌溉回归_i} = W_{灌溉_i} \beta_i$$
$$W_{渠道渗漏_i} = W_{渠道_i} \gamma_i$$

式中：α_i、β_i、γ_i 分别为各区的降雨入渗系数，灌溉回归系数，渠道渗漏系数。

　　各区计算的地下水资源量见表 1-7。

表 1-7　各分区地下水资源量　　　　　　　　　　单位：万 m^3

分区	多年平均	50%
龙口	9716	9648
蓬莱	4826	4755
招远	2150	2028
栖霞	2352	2198
总计	19044	18756

经计算，研究区多年平均地下水资源量为 19044 万 m^3。

1.4.4 水资源总量

水资源总量为地表水资源量加地下水资源量并扣除重复计算量，研究区多年平均水资源总量为 35903 万 m^3，其中，地表水资源量 25159 万 m^3、地下水资源量 19044 万 m^3、重复计算量 8300 万 m^3，研究区水资源总量见表 1-8。

表 1-8　研究区不同水平年水资源总量　　　　　　　　单位：万 m^3

行政分区	地表水资源量				地下水资源量		重复计算量				水资源总量			
	平均	50%	75%	95%	平均	50%	平均	50%	75%	95%	平均	50%	75%	95%
龙口	14289	12145	7287	2916	9716	9648	4222	4103	2105	1062	19783	17690	9914	4054
蓬莱	4048	3985	2104	998	4826	4755	2610	2539	1235	548	6264	6201	3219	1604
招远	1192	1068	529	227	2150	2028	953	891	420	215	2389	2205	1131	555
栖霞	5630	5587	2731	1103	2352	2198	1210	1108	587	305	6772	6677	3323	1351
研究区	25159	24892	13240	6530	19044	18756	8300	8023	4028	3305	35903	35625	18539	7755

虽然地表水资源量多于地下水资源量，但由于地表水资源的开发利用受地表拦蓄工程的制约作用十分明显，特别是汛期雨洪水资源的开发利用具有较大的难度。

1.5　水　环　境　状　况

1.5.1　污染源分布状况

2007 年，研究区内的河道共接受工业废水和生活污水总量 2878.91 万 t，其中，工业废水 2252.71 万 t，生活污水 626.2 万 t。污染物主要分为四大类：

1）有机物污染：研究区现有 31 家果脯厂、鱼片厂、粉丝厂、酿酒厂和 20 家造纸厂直接向河道排污，部分未经处理的城镇生活污水、医院和浴池污水等也直接进入河道，对地下水造成一定污染。

2）化学污染：此类污染源主要为色染厂、电镀厂、电解铝厂、雨布厂、制革厂、制药厂及选矿等，共有 17 家。另外部分造纸厂废水也可造成一定的化学污染。

3）悬浮物污染：研究区内拥有众多的石材加工企业，其生产过程产生大量粉尘随废水进入河道，沉淀在河床表面，影响河道环境，对地下水造成一定污染。此类排污企业共有 32 家。

4）农药化肥污染：目前研究区内农业生产中大量使用农药化肥，通过分析试验，黄水河中下游平原区地下水氨氮含量 0.06～0.12mg/L，平均 0.084mg/L，硝酸盐氮 1.61～4.05mg/L，平均 2.9mg/L。滨海及海水入侵区氨氮含量 0.15mg/L，硝酸盐氮 0.32～1.62mg/L。冶基—大杨家的微咸水区氨氮 0.08mg/L，硝酸盐氮 0.42～2.02mg/L。

1.5.2　污水排放状况

工业废水和生活污水的直接排放是污染地表和地下水体的主要根源，据调查，2007 年研究区内废污水排放量达 2878.91 万 t，其中，工业废水 2252.71 万 t，生活污水 626.2 万 t。平原区造成水质恶化的另一因素是过量开采地下水引起海水内侵导致淡水咸化。研究区 2007 年废污水排放量见表 1-9。

表 1-9　研究区 2007 年废污水排放量表　　　　单位：万 t

行政分区	工业废水	生活污水	合计
龙口	1187.11	313.9	1501.01
蓬莱	486.3	148.3	634.6
招远	325.6	85	410.6
栖霞	253.7	79	332.7
研究区	2252.71	626.2	2878.91

1.5.3　污染造成的后果及影响

重点污染行业排放的污染物主要为重金属污染物、酸碱及盐污染物、耗氧有机污染物等几类，这些污染物均可使水的溶解力、侵蚀性和化学活动性大大增强，破坏了水环境的化学稳定性。直接或间接地排入黄水河河道内后，对沿河包气带土层造成了一定的污染。局部地下水中挥发酚、氰化物均有检出，且超过国家规定的生活饮用水水质标准。使水资源的利用率降低了，使当地水资源危机加重。

水污染在河流中形成了自上游到下游的由分散到集中，由单一到多样的污染。污染物通过地表径流进入河道内，造成河道上游的水质恶化并下渗，污染后的地表水和沿河的浅层地下水无法使用，人们只能通过加大对深层地下水的开采来满足生产、生活需求，从而造成了地下水位下降，形成地下水位负值区，引发污染水继续下渗污染地下水、沿海地区发生海水入侵等结果。水污染进一步加剧了水资源的短缺，破坏了自然界的水均衡状态，造成了水环境的恶性循环。

1.5.4　海水入侵情况

2007 年研究区内海水入侵现状面积 79km^2，最大面积出现在 1996 年，为

$108.8km^2$。黄水河地下坝于 1995 年建成，建坝前海水入侵面积为 $103km^2$，建坝后海水入侵面积为 $81km^2$。

1.6 供 水 工 程 现 状

1.6.1 地表水工程

从 20 世纪 50 年代后期开始了兴修水利的工程建设，经过几十年的努力，研究区已有大型水库 1 座，为王屋水库，位于石良镇，由于淤积，现总库容 1.21 亿 m^3，兴利库容 0.725 亿 m^3。中型水库两座，为北邢家水库和迟家沟水库，北邢家水库位于下丁家镇，总库容 1310 万 m^3，兴利库容 607.5 万 m^3；迟家沟水库位于芦头镇，总库容 2044 万 m^3，兴利库容 1282 万 m^3。小型水库 162 座，总库容 8130 万 m^3，兴利库容 5679 万 m^3。塘坝 648 座，总库容 1913 万 m^3，兴利库容 1167 万 m^3。黄水河建有大型钢筋混凝土翻板拦河闸 7 座，一次性拦蓄水总量 310 万 m^3。全部蓄水工程总蓄能力达 2.23 亿 m^3，总兴利库容 1.23 亿 m^3。水库干支渠总长 411km。

胶东地区引黄调水工程，境内输水工程以黄山馆镇前徐村为进口，途径黄山馆、开发区、北马、芦头、东江、东莱、兰高等 7 镇（区、街），至石良镇任家沟村，共计永久征占土地约 3800 亩。境内输水工程分为输水明渠和压力管道工程两大部分，其中，明渠工程全长 33km，暗管工程全长 12.5km，有大型渡槽工程 2 处、大型倒虹吸工程 4 处、调水泵站 1 处，年调水下限为 1300 万 m^3。

1.6.2 地下水工程

龙口市地下水埋深比较小，群众取用地下水已有悠久的历史，近 30 年来，建有地下水库 2 座，大口井 573 眼，各类机电井 7548 眼。2007 年，龙口市地下水开采量已达 8800 万 m^3/a，其中，农业灌溉用水量 3600 万 m^3/a，占 40.91%；林牧渔业用水量 3400 万 m^3/a，占 38.64%；工业用水量 1000 万 m^3/a，占 11.36%；城镇公共用水量 90 万 m^3/a，占 1.02%；居民生活用水量 690 万 m^3/a，占 7.84%；生态环境用水量 20 万 m^3/a，占 0.23%，开采井平均密度在 16 眼/km^2。开采强度可以分为三级，即平原区东部为 30 万～50 万 $m^3/(km^2·a)$，平原区西部为 20 万～30 万 $m^3/(km^2·a)$，山丘区为 5 万～10 万 $m^3/(km^2·a)$。

地下水除用于农业灌溉和当地群众的生活用水以外，还用于城市供水和工业用水。城市供水已建有两个集中水源地，即大堡水源地和莫家水源地，分别有供水井 6 眼和 12 眼，最高供水量分别达 1.2 万 m^3/d 和 3.5 万 m^3/d。为了保证龙口电厂供水，建有中村河水源地和黄水河第二水源地，分别建有生产井 9 眼和 22 眼。

此外，建有自备井的工厂企业，井数在 400 多眼，实际年开采量在 1000 万 m³ 左右。

1.6.3　其他水源工程

区内其他水源工程主要包括污水处理回用、海水利用和集雨工程。龙口市现有污水处理厂 6 座，南山集团污水处理厂、黄城污水处理厂和龙口污水处理厂。南山集团污水处理厂有 4 座，位于南山园区的污水处理厂建于 1998 年，日处理能力 3 万 t 和 1.5 万 t 各一座，位于东海园区的污水处理厂有日处理能力 1.5 万 t 和 1 万 t 各一座，处理后的水用于环境和绿化；黄城污水处理厂建于 1999 年，位于城关镇李格庄，日处理能力 4 万 t；龙口污水处理厂建于 2005 年，位于龙港街道北部，龙口电厂以东，日处理能力为 2.5 万 t。另外，龙口电厂、振龙酒精、玉龙纸业等 20 余家企业建有日处理能力 1000-5000t 不等的污水处理设施，总处理能力近 6 万 t。同时对海水、雨水、苦咸水等非常规水资源进行综合开发利用，年节约淡水 660 万 m³。

1.7　供用水现状分析

现状年研究区内供水设施供水量为 23516 万 m³，其中，地表水供水量 9642 万 m³，地下水供水量 13657 万 m³，其他水源供水量 217 万 m³，分别占总供水量的 41.00%、58.08% 和 0.92%。可见研究区内供水量中以地下水为主，地表水次之，而非常规水源的利用量仅占 0.92%，研究区 2007 年供水量情况见表 1-10。

表 1-10　研究区 2007 年供水量统计表　　　　单位：万 m³

分区	地表水	地下水	其他	合计
龙口	6500	8800	200	15500
蓬莱	1173	1700	6	2879
招远	958	1544	5	2507
栖霞	1011	1613	6	2630
总计	9642	13657	217	23516

研究区现状年总用水量为 23516 万 m³，其中农田灌溉、林牧渔畜、工业、城镇公共、居民生活、生态环境用水量分别为 8883 万 m³、7348 万 m³、3122 万 m³、705 万 m³、3235 万 m³、223 万 m³，分别占总用水量的 37.77%、31.25%、13.28%、3.00%、13.76%、0.95%。可见，研究区用水量以农田灌溉和林牧渔畜为主，合计占总用水量的 69.02%，详见表 1-11。

表 1-11 研究区 2007 年用水量统计表   单位：万 m³

行政分区	农田灌溉	林牧渔畜	工业	城镇公共	居民生活			生态环境	总用水量
					城镇生活	农村生活	小计		
龙口	6050	5140	2180	540	670	820	1490	100	15500
蓬莱	956	755	385	66	92	580	672	45	2879
招远	915	618	289	56	87	500	587	42	2507
栖霞	962	835	268	43	66	420	486	36	2630
研究区	8883	7348	3122	705	915	2320	3235	223	23516

区内近年来降水量较多，加上地下水库及王屋水库供水等工程措施，目前基本能满足工农业用水的需求。研究区内丰水年和枯水年的出现具有连续性，一旦进入枯水年或特枯年，水资源的供给量将无法满足工农业生产的需要，尤其是在枯水期持续发生的年份，用水缺口将会更大。

1.8 水资源开发利用中存在的问题

研究区（以龙口市为主）位于胶东半岛北部，隶属于烟台市，近年来社会经济迅速发展，用水需求量不断增加，水资源供需矛盾日益突出，现状水资源开发利用主要存在以下问题：

1）水资源短缺，产业结构不合理。研究区人均水资源量 382.4m³，远远低于 1000m³ 的国际用水紧张线，而且低于 500m³ 的国际严重缺水线，属资源型缺水地区。同时，浪费水的现象仍比较普遍，居民生活、公共设施、工业、农业不同程度上都存在着浪费水的情况。耗水量较大的工业企业数量较多，不合理的用水结构浪费了大量水资源。

2）地下水过度开采尚未根本解决。龙口作为新兴港口工业城市，经济社会发展速度较快，各类用水量增长幅度较大，自 20 世纪 80 年代就出现了超采地下水现象。长期的过量开采，引发了海水入侵，向内陆纵向入侵最长达 4 km。虽经过多年的治理，海水入侵区面积从 1996 年最大值 108.8km² 降为 81 km²，但仍有 3000 多万 m³ 的淡水失去了利用价值，沿海的开发区、黄山馆、龙港、徐福等镇区，海水入侵已对群众生产生活造成严重影响。

3）污染治理和水环境改善力度不够大。随着工农业生产和城市建设的发展、人口的增长、人民生活水平的提高，用水量和污水排放量都大幅度增加，大量工业废水和生活污水直接排入河流水体，使水环境质量下降，地表水和地下水受到不同程度的污染。虽然龙口市建设了污水收集管道和污水处理厂，加强了企业污水处理管理，也只解决了部分区域的污染问题，仍未从根本上解决所有的环境污染问题。治理污染问题需要大量资金，仅靠财政资金，每年的投入远不能解决各类污染问题，解决污染的思路和资金筹措渠道比较单一，治理各类污染的决心和改善生态环境的力度还需要进一步加大。

第 2 章 水资源优化配置

　　水资源优化配置是实现水资源合理开发利用的基础，是水资源可持续利用的根本保证。水资源优化配置既受到社会、经济、环境及政策的影响和限制，又要从全社会角度协调各部门之间的利益和矛盾，涉及范围很广，内容丰富且复杂多变。根据该区经济发展的要求及近年来水利发展态势，建立高水平的水资源配置网络、高效的水利管理运行机制和高质量的水供给体制，促进研究区经济与水利、水环境协调发展，支持全区经济建设的持续、快速、健康发展，十分必要。

2.1　国内外水资源优化配置的研究进展

　　水资源优化配置是指在一个特定流域或区域内，遵循高效、公平和可持续的原则，通过工程与非工程措施，考虑市场经济规律和资源配置准则，通过合理抑制需求、有效增加供水、积极保护生态环境等手段和措施，对有限的、不同形式的水资源，在区域间和各用水部门间进行时间和空间上的科学分配，其最终目的就是实现水资源的可持续利用，保证社会经济、资源、生态环境的协调发展。

2.1.1　国外研究进展

　　国外在水资源配置方面的研究是比较早的。20 世纪 40 年代 Masse 提出的水库优化调度问题，最早是以水资源系统分析为手段、水资源合理配置为目的的研究。20 世纪 60 年代初开始了以水量分配为重点的水资源优化配置研究，1960 年科罗拉多的几所大学对计划需水量的估算及满足需水量途径进行了探索。20 世纪 70 年代这类成果不断增多，1961 年 Moore 提出了一定时间内，最优水量分配问题。20 世纪 70 年代以来，伴随数学规划和模拟技术的发展及其在水资源领域的应用，水资源的优化配置的研究成果不断增多，其代表性成果有：1971 年美国学者 Norman J Dudley 将作物生成模型和具有二维状态变量的随机动态规划相结合，对季节性灌溉用水分配进行了研究；1972 年 N.伯拉斯所著的《水资源科学分配》一书主要阐述了运筹学数学方法和计算机技术在水资源工程中的应用，较为全面地论述了水资源开发利用的合理方法。20 世纪 80 年代，人们又加深了对水资源分配的范围及其深度的研究。1982 年，Pearson 等用二次规划方法对英国的 Nawwa 区域的用水分配问题进行了研究，其中利用水库的控制曲线，以最大产值、输水能力和预测的需求值作为约束条件。20 世纪 90 年代以来，由于水污染和水危机的加剧，传统的以水量和经济效益最大为目标的水资源配置已不适应形式的发展。因此，国外开始把水质约束、环境效益和水资源可持续利用加入到水资源优化配置的研究中。如 1992 年 Afzal、Javaid 等用建立的针对灌溉系统的线形规划模型对巴基斯坦某地区不同水质的水的使用进行了优化。1995 年，Watkins DavidW Jr 介绍了一种伴随风险和不确定性的可持续水资源规划框架，建立了有代表性的联合调度模型。这个模型分两个阶段：第一阶段可以得到投资决策变量，第二阶段可以得到运行决策变量，运用分解聚合法求解最终的非线性混合整数规划模型。1997 年 Wong、Hugh S 等提出了多目标多阶段优化管理的原理与方法，该方法在需水量计算中考虑当地地表水、地下水、外调水等多水源的联合运用，并考虑了地下水恶化的防治措施。1999 年，Kumar、Arun 等建立了污水排放模糊优化模型，并且提出了流域水质管理方案，这个方案在经济和技术上都是可行的。

2000 年，Minsker 等应用遗传算法建立了不确定性条件下的水资源配置多目标分析模型。Rosegrant 等为评价改善水资源配置和利用的效益，将经济模型与水文模型进行耦合，并把模型应用于智利的 Maipo 流域。2001 年，Xu 等将分布式水文模型与地理信息系统有机结合，解决了传统方法不能解决的大量水资源配置方案的检验问题，同时，能形象展示决策者由于条件变化对流域水资源管理的改变，为开发流域水资源管理空间决策支持系统（SDSS）奠定了基础。2002 年，Ringler、Claudia 在湄公河流域建立了水资源优化配置模型，这个模型分析研究了多国间水的使用和分配。它以流域为单元进行分析与管理，通过评价水资源的价值来确定湄公河水资源的分配使用，基本实现了水资源的优化配置。2003 年，Zhong P A、Wang H R 等建立了水资源优化调度的大系统多目标分解模型，同时也建立了水库优化调度的数学模型，根据数学模型的特点分别对不同层次的问题给出了解答，同时还考虑到了不同用户之间的重要性。2005 年，Ma W F、Zhao X H 等以水重复利用为基础，建立了多目标的水资源优化配置的模糊线性规划模型，这个模型可用于各种水资源的分配，以满足社会的需要和农业可持续发展的经济效益。在这个模型中，决策变量是种植面积，目的是最大限度地扩大作物产量和农民收入，模型可以依据水优化配置提供科学的决策，从而缓解农业水灌溉危机。2006 年，Subhankar Karmakar、P P Mujumdar 建立了基于灰色系统理论的不确定度模型。2008 年，Ma Wei-fang、Wen Jun-l 实施了再生水回用措施，以解决中国水资源短缺的问题。2009 年，Xinmin Cai 把水资源和经济组成部分嵌入到一个数学规划模型中，利用各种水源的最大的经济利润为目标。这种模型可以用来解决相关环境经济问题。

2.1.2 国内研究进展

在我国，水资源优化配置研究是随着系统工程理论的发展、应用和经济社会发展对水资源的需求特点变化而展开的。虽然水资源科学分配方面的研究起步较迟，但是发展还是很快的。20 世纪 60 年代就开始了以水库优化调度为先导的水资源分配研究，最早是以发电为主的水库优化调度。20 世纪 80 年代初，随着经济社会的快速发展以及多目标和大系统优化理论的日渐成熟，由华士乾教授为首的研究小组对北京地区的水资源利用系统工程方法进行了研究，并在国家"七五"攻关项目中加以提高和应用，形成水量合理配置的雏形。1982 年张勇传等将变向探索法引入动态规划中，并研究了在水库优化调度中的应用；同年，施熙灿等研究了考虑保证率约束的马氏决策规划在水电站水库优化调度中的应用问题，建立了马氏决策规划模型。1983 年董子敖等研究了改变约束法在水电站水库优化调度中的应用。1988 年贺北方提出在一个区域内进行水资源优化分配问题，并且建立了大系统序列优化模型，采用大系统分解协调技术进行求解，次年又建立了二级递阶分解协调模型，并将该优化模型应用到郑州市水资源系统分析与最优决策研究中。1989 年吴泽宁等建立了经济区水资源优化分配的大系统多目标模型及其二阶分解协调模型，把经济效益最大作为目标，采用多目标线性规划技术求解，并以三门峡市为实例进行验证。1994 年，蔡喜明等在基于宏观经济的区域水资源多目标集成系统中，将水资源系统纳入宏观经济系统，以经济、社会、生态环境等为目标，建立了多目标分析系统模型和水资源规划专家决策支持系统。1997 年卢华友等以义乌市水资源系统为对象，建立了大系统分解协调模型，提出了递阶模拟择优的方法。1999 年甘泓、尹明万等结合新疆的实际情况，研制出了第一个可适用于巨型水资源系统的智能型模拟模型，为保证计算精度和加快计算速度，模型中采用了智能化技术。1999 年，聂相天等建立了宁陵县三层递阶大系统优化配水模型，将该县水资源量在各子区域、各作物间进行最优分配。

2001 年马斌、解建仓等对多水源引水灌区水资源调配模型及应用进行了研究。2000 年吴险峰等探讨了北方缺水城市在水库、地下水、回用水、外调水等复杂水源下的优化供水模型，从社会、经济和生态环境综合效益考虑，建立了水资源优化配置模型；2000 年由王劲峰等提出了以时空运筹模型为核心的决策判断过程透明和分层交互透明的决策系统，该系统包括三大相互关联的模块：区域社会经济发展目标模块、水资源供给模块、总量时空优化模块，使用此决策系统可以获得研究区社会经济发展与水资源协调的方案。2001 年王浩、秦大庸和王建华等在"黄淮海水资源合理配置研究"中，首次提出水资源"三次平衡"的配置思想，系统地阐述了基于流域水资源可持续利用的系统配置方法，并在统一的用水竞争模式下研究流域之间的水资源配置问题，是我国水资源配置理论与方法研究的新进展。2002 年赵建世、王忠静和翁文斌在分析了水资源配置系统的复杂性及其复杂适应机理分析的基础上，应用复杂适应系统论的基本原理和方法，构架出了全新的水资源配置系统分析模型。2002 年由张雪花等应用系统动力学—多目标规划整合模型，对秦皇岛市城市水资源利用结构进行了优化配置研究，将规划结果输入系统动力学模型，对规划方案实施后的社会、经济和环境效应进行了合理预测；2003 年，冯耀龙、韩文秀等分析了面向可持续发展的区域水资源优化配置的内涵与原则，建立了多目标优化配置模型，并以天津市为对象进行了研究。2003 年，刘忠梅通过对包头市水资源供需及利用系统、供需各要素的相互关系及其所隐含的反馈信息的考察并结合包头市人口、经济发展状况，建立了包头市以水资源优化配置为基础的水资源承载力系统动力学模型，通过分析预测结果，并针对目前和将来用水可能存在的问题，提出包头市水资源持续利用的优化配置方案及对策。2004 年，赵惠、武宝志以宏观经济发展为出发点，在水资源短缺的情况下，进行了辽河流域水资源的优化配置研究，为制定合理的开发利用计划、优化产业结构调整、保证生态平衡及水资源的可持续利用提供了依据。2005 年，姚荣从区域水资源合理配置的定义出发，通过对区域水资源水质水量供需平衡分析，从供水能力角度将区域水资源划分为五类状态，建立了基于水源供水能力的区域水资源水质水量配置模型，并应用基于遗传算法的区域水资源合理配置二级递阶优化模型进行了方案求解。2005 年李小琴在黑河流域水资源开发利用现状分析的基础上，对黑河流域水资源需求进行了分析和预测，应用遗传算法求解 LPM 模型，建立了水资源优化配置模型，获得了水资源优化配置方案。

2006 年，石义、赵林通过 WEAP 模型对衡水市水资源的管理和可持续发展进行了研究。2007 年，张翠萍等将"武汉市水资源综合规划"项目进行自然延伸，尝试将生态水利、景观水利和多目标水资源优化配置问题相结合，综合运用可持续发展理论、水资源规划与管理、生态经济学、环境学和系统工程等领域的知识，开展了水资源优化配置综合研究。2008 年，沈钜龙、马金辉等在利用民勤盆地多年水资源和社会经济统计资料，应用水资源评价和规划模型进行模拟，验证了 WEAP 模型在西北干旱地区的适用性；对民勤的水资源系统进行研究并通过开发与 GIS 的数据接口，实现模型结果空间化，使 GIS 成为模型结果后处理和展示平台。2009 年，胡立堂、王忠静在水资源评价和规划模型的基础上耦合多边形网格地下水三维流有限差分模拟系统，建立了 WEAP-Tsinghua 模型。该模型既能反映各水文测站的径流情况和水资源供需关系与分配，也能反映地下水水位动态变化，并以石羊河流域为例，建立了该流域的水资源管理模型。总之，上述成果标志着我国经过了几代人坚持不懈的努力，使我国水资源优化配置研究从无到有，逐步走向成熟。

2.1.3　水资源优化配置目前存在的不足及今后的研究热点

（1）理论的完善与创新

目前多是理论研究和概念模型的设计，不便于实际操作。基于宏观经济投入产出分析的水资源优化配置，由于分析思路与目前国家统计部门统计口径相一致，相关资料便于获取，具有可操作实用性，但传统的投入产出分析中未能反映生态环境的保护，不符合可持续发展的观念。因此，将宏观经济核算体系与可持续发展理论相结合，对现行的国民经济产业以环保产业和非环保产业分类进入宏观经济核算，将资源价值和环境保护融入区域宏观经济核算体系中，建立可持续发展的国民经济核算体系势在必行，以形成水资源优化配置新理论。这一理论体系目前实施虽然难度很大，但是只有这样才能彻底改变传统的不注重生态环境保护的国民经济核算体系，使环境保护作为一种产业进入区域国民经济核算体系，以实现真正意义上的水资源可持续利用。

（2）水资源优化配置的全局性

水资源优化配置是一个全局性问题，对于缺水地区，必然应该统筹规划调度水资源，保障区域发展的水量需求及水资源的合理利用。我国水资源优化配置取得的成果也多集中在水资源短缺的北方地区和西北地区，对水资源充足的南方地区，研究成果则相对较少，但是在水量充沛的地区，往往存在因水资源的不合理利用而造成的水环境污染破坏和水资源的严重浪费，必须予以高度重视。例如，处于我国经济发展前沿的广州市，地处河网区域，其水量充沛，但由于不合理的开发利用使水环境遭受破坏，出现了有水不能用的尴尬局面，不但不利于广州市的经济持续发展，也必然影响全国水资源的优化配置。

（3）水务一体化管理

一般而言，优化配置的结果对某一个体的效益或利益并不是最高最好的，但对整个资源分配体系来说，其总体效益是最高最好的，即存在局部最优和全局最优的问题。要实现水资源的优化配置，就必须实行水资源统一管理，以全局为重，树立整体观念。各地区应探索建立水务一体化管理的水务局，以适应市场经济发展的需要，从水资源分散的多头管理转变到集中的统一管理，为水资源优化配置提供体制上的保障。

2.1.4　研究内容

以研究区（以龙口市为主）为研究对象，探讨了该区水资源配置若干问题，建立了基于 WEAP 软件的水资源配置模型。具体内容包括：

1）依据现状年社会经济和水资源状况，预测未来需水量和可供水量，分别对研究区现状年和规划水平年进行水资源供需平衡分析和水资源承载力研究。在水资源承载力的研究中，考虑 50%、75%及 95%供水保证率时对应可供水资源量的承载力计算。可供水资源量按当地水资源可供水量和客水资源可供水量分别统计，其中当地水资源可供水量包括当地地表水、当地地下水、非常规水等，客水资源可供水量包括引黄水。

2）通过对研究区现状年的供需平衡分析和水资源承载力分析，以及研究区社会经济和水资源状况，拟定了 4 种水资源配置方案，并通过以社会效益、经济效益和环境效益为目标的水资源优化配置模型的模拟计算，优选出最优方案。

3）总体布局与实施方案。根据水资源条件和合理配置结果，提出对调整经济布局和产业结构的建议以及水资源调配体系的总体格局，制定合理抑制需求、有效增加供水、积极保护生态环境的综合措施及其实施方案。

本次研究的技术路线如图 2-1 所示。

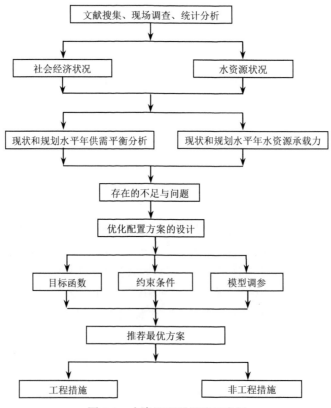

图 2-1 水资源配置思路示意图

2.2 WEAP 软件介绍

2.2.1 WEAP 的背景

WEAP（Water Evaluation and Planning System）模型，即水资源评估和规划系统，是 1989 年由瑞典斯德哥尔摩环境研究所开发的综合决策支持系统，能够以政策导向开展水系统的综合模拟与分析。该系统将供给与需求之间、水量与水质之间、经济发展与环境制约之间综合在一个全面的框架之下，其独特之处体现在把用户端—用水规律、设备效率、回用、价格和分配，与供给端——地表水、地下水、水库和调水放在同等的地位来考虑，全面评估各种水资源开发和管理选择，并考虑水资源系统多元和互相竞争的利用方式。

2.2.2 WEAP 的方法

计算机模拟在水资源领域中占据着重要的地位。由于很多复杂的模型因数学上晦涩和在试图"优化"现实世界中问题的解答时过于雄心勃勃而显不足。因此最好的方法就是建立一种简单灵活的工具来协助而非取代模型的用户。WEAP 是新一代水资源规划软件，它利用现今微机的强大能力为世界各地水资源领域的专业人员提供一种恰当的工具。

WEAP 的应用通常包括几个步骤：

1）研究定义：设置时间跨度、空间界限、系统组分和问题结构。

2）现状基准：代表水系统现状的基本定义，提供系统的实际用水需求、污染负荷、资源和供给的当时情况，构成预案分析的基础。

3）关键假设：代表政策、成本和影响需求、污染、供给和水文因素。预案建立在可替代系列假设或政策之上。

4）定制预案：预案是关于特定社会经济环境和特定政策、技术条件下未来的系统可能如何随时间演进的自我同一的描述。

5）模拟计算。

2.2.3 WEAP 运行规则

WEAP 以月为时间步长计算系统中"节点"和"连接"的水和污染物的质量平衡。其中水被分派以满足河道内和消耗性的要求，而分配则受需求优先顺序、供给择优顺序、质平衡和其他因素的制约。

2.2.3.1　WEAP 模型的水资源系统的组成要素与原理

WEAP 模型是基于"连接—节点"结构构建的质量平衡模型。WEAP 将整个水资源系统分为需求点、集水盆地、水库、地下水、河流、分流、输送连接、回流、流量要求、流量测站、过水河流发电、废水处理厂等若干个要素，通过对它们的组合连接，实现对水资源系统的模拟。

需求点是一组共享一个有形分配系统的水用户，或者全部在一个特定的区域内，或者共用一个重要的取水供给点。

WEAP 中的需求计算方法主要有两种：一是直接输入月需求数据；二是通过年需求和月变化计算出每月需求量。

$$年需求_{DS} = \sum_{Br}(总活动水平_{Br} \times 用水率_{Br}) \tag{2-1}$$

式中：年需求$_{DS}$ 为年用水需求量，m^3；总活动水平$_{Br}$ 为从底层分枝上溯到需求点分枝的各个分枝上活动水平的乘积，其中 Br 是底层分枝，Br' 是底层分枝的母分枝，Br'' 是底层分枝母分枝的母分枝等；用水率$_{Br}$ 为该需求点底层分支 Br 的用水定额。

在 WEAP 模型中，以月为步长进行计算，因此 WEAP 允许对每月的用水比例进行设置，通过计算年需水量和每月用水比例的乘积来计算需求点的月需求量。一个月的需求等于该月在调整后的年需求中所占比例。

$$月需求_{DS,m} = 月变化比例_{Ds,m} \times 年需求_{DS} \tag{2-2}$$

式中：月需求$_{DS,m}$ 为需求点 DS 在 m 月的用水需求量；月变化比例$_{DS,m}$ 为需求点 DS 在 m 月的用水需求量占该需求点全年用水需求量的百分比。

（1）水库

在 WEAP 模型中，水库以节点描述，通过输入总库容、初始库容、容量高程曲线、净蒸发和下渗量来确定物理条件。其中，水库的净蒸发（负值代表水量增加）用下式描述：

$$水库净蒸发量 = 库区水面蒸发量 - 库区水面降水量$$

WEAP 模型中水库库容分为四个区，从上到下为：防洪区、保护区、缓冲区和死库容（如图 2-2 所示）。保护区和缓冲区一起构成水库的有效库容。WEAP 将保证防洪区总是空的，即水库中的水量不能超过保护区上线高程对应的库容。

水库的运行规则决定在一个给定的月中有多少水可被释放以满足需求、河道内流量要求和防洪需要"运行的库存水位"是月初经调整的量、加上上游入流及需求点（DS）和处理厂（TP）回流入流。

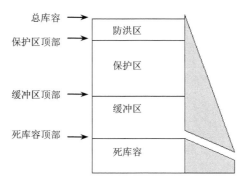

图 2-2　WEAP 模型中水库库容划分

$$运行的库容_{Res}=调整后的月初库容_{Res}+上游库容_{Res}+\sum_{DS}需求点回流_{DS,Res}+$$

$$\sum_{DS}处理厂回流_{DS,Res}$$

水库中可供释放的水量是保护区和防洪区的全部水量及调蓄区水量的一部分。

$$可供释放的库容_{Res}=防洪区和保护区库存_{Res}+调蓄系数_{Res}\times调蓄区库存_{Res}$$

（2）地下水

地下水节点可以有自然入流、来自集水盆地的入渗、需求点和废水处理厂回流、与河流的交互作用和月际存储能力。

WEAP 模型可以通过水量平衡原则来追踪地下水储量的变化。在很多流域，地表水和地下水在水力上是连通的。根据潜水层地下水位的高低，一条河流可以补给地下水（"损失"型河流）或从地下水含水层获得补给（"收取"型河流）。地下水位对来自降水的天然补给做出响应，同时也可以受流域灌溉的影响。一部分灌溉用水补给到地下潜水中而非被所灌溉的作物利用。

WEAP 模型可以通过指定地下水流入特定河流或河段的量，或通过地下水位月河流湿深度（即河流的深度）之间的高程由模型模拟的方法来模拟地下水与地表水之间的交互作用。

（3）河流

在 WEAP 模型中，可以指定河流的源流来确定河流的流量，河流的分支通过分流来表示，用水需求点可以河流或分流上建立连接获取地表水来满足用水要求。在河流上，可以设置流量要求以限制最小流量，可以放置流量测站输入实际流量与模型模拟值进行对比以实现对模型的校准，也可以放置过水河流发电通过两端的落差运算发电量。河流和分流是水资源的主要载体，是 WEAP 模型模拟的物理基础。

（4）输送连接和回流

在 WEAP 模型中，节点与节点之间需要通过输送连接或者回流进行链接。两者都是以水流连接的方法表示。

1）输送连接主要用于从供水水源（*Src*）到需求点（*DS*）的输送连接上。输送到需求点的水量（即输送连接的出流）等于从水源的取水量（即输送连接的入流）减去连接内部的任何损失。

$$\text{输送连接出流}_{Src, D} = \text{输送连接入流}_{src, D} - \text{输送连接损失}_{Src, DS}$$

输送连接损失是其入流的一部分，损失率作为数据输入。

$$\text{输送连接损失}_{Src, D} = \text{输送连接损失率}_{Src, D} \times \text{输送连接入流}_{src, DS}$$

2）需求点回流连接从需求点（*DS*）将废水输送到目的地（*Dest*）废水处理厂或其他受体。流入该连接的水量是需求点回流的一部分。

$$\text{需求点回流连接入流}_{DS, Dest} = \text{需求点回流比例}_{DS, Dest} \times \text{需求点回流流量}_{DS}$$

到达目的地的量（即该连接的出流）等于需求点的出流（即进入连接的入流）减去连接内部的任何损失。

$$\text{回流连接出流}_{DS, Dest} = \text{回流连接入流}_{DS, Dest} - \text{回流连接损失}_{DS, Dest}$$

回流连接内部的损失是其入流的一部分，根据回流过程中的损失率来计算。

$$\text{回流连接损失}_{DS, Dest} = \text{回流连接损失率}_{DS, Dest} \times \text{回流连接入流}_{DS, Dest}$$

2.2.3.2　WEAP 模型处理流程

WEAP 模型运行流程如图 2-3 所示，具体如下。

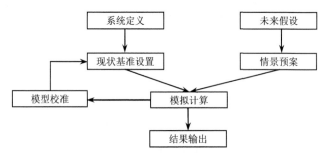

图 2-3　WEAP 模型运行流程图

（1）系统定义

建立 WAEP 模型前，首先要对模型进行初始化，即对 WEAP 系统进行定义，主要包括设置时间跨度、空间界限，建立水资源系统的"节点"和"连接"，生成模型框架。

1）设置时间跨度：主要包括设置时间范围、时间步长和水文年起始。其中，时间范围是指现状基准年和预案的最后一年，WEAP 模型将从现状基准年的第一个月到最后一年的最后一个月进行逐月分析；时间步长是指将一年分成若干个时间段，每个时间段的长度可以日历月为基础，也可进行手动设置；水文年起始是指一年的起点，可以是任一时间步长点（如某个月），模型将以该步长点（如 2 月）作为模型水文年的起始点。

2）设置空间界限：在进行水资源系统组分前，需要先设定整个研究区域所在的地理范围。区域的生成可以通过对已有的区域进行复制，也可以在世界地图上选择相应的地区，设置新的区域边界。

3）建立模型节点图：将实际的水资源系统概化为由节点和相互关联的连线组成的物理网络。节点代表有形的组分如需求点、地下水、水库等，节点通过代表自然或人工水道（如河道、运河和管道等）的线路连接。在模型中，连接线路主要包括河流、分流、输送连接和回流连接。

（2）现状基准设置

现状基准代表水系统现状的基本定义，它是对"现状基准年"水资源系统数据和运行情况的准确描述。现状基准包括研究的第一年逐月的供给和需求数据（包括水库、管网、处理厂、产生的污染等）的详细说明，河流及渠系的系统损失以及地下水补给入渗等数据。模型通过现状基准年的详细数据，预设模型参数。它是所有预案的基础。

（3）模型校准

模型校准的目的是确定模型参数的最佳数值。WEAP 模型虽然建立的时候已根据区域实际情况和历史数据设立了模型参数，但是由于系统的复杂性及数据的不完整和误差性，需要对模型参数进行一定程度上的调整，使其更加符合该区域的水资源状况。WEAP 模型的校准可通过河流断面的流量模拟值与实际测量值进行对比，区域计算用水量和实际用水量进行对比，以及地下水模拟值与监测值进行对比等方法，实现对模型相关参数的调整。

（4）未来假设、情景预案设计

未来假设是基于政策、成本、技术进步和影响需求、污染、供给和水文的其他因素而提出的对未来情况的一种预测。情景预案是关于在特定的社会经济背景和一系列特定的政策和技术条件下，未来系统如何随时间演变的描述，它建立在一系列未来假设之上。

2.2.3.3 运算法则

WEAP 模型采用线性规划方法求解能最大化满足需求点和河道内流量要求的最优解，受需求优先顺序、供给优先顺序、质量平衡和其他约束的限制。

（1）连接法则

在 WEAP 模型中，需求点按需求优先顺序和供给择优顺序配水。WEAP 可以对不同的需求点设定不同的用水优先级，也可以对具有多水源的需求点设定它对不同水源的偏好。

在进行水资源分配时，WEAP 首先根据各需求点的需求优先顺序配水。优先顺序最高的点首先得到供水，然后是优先顺序较低的点。该系统在水资源出现短缺的时期能够保证优先顺序最高的用水得到满足。当有足够的水满足所有需求时，需求优先顺序则不必要。

当一个需求点与多个水源相连时，需要确定各种水源的供水构成。模型将尽可能从供给择优顺序高的水源取水来满足需求点的要求，仅在该水源水量不足时，才使用优先顺序较低的供给水源。

（2）质量约束方程

质量平衡方程是 WEAP 中水的月收支计算的基础：总入流等于总出流，去除任何存储变化（或消耗）。WEAP 中的每个节点和连接都有一个质量平衡方程，在线性规划中形成质量平衡约束。

$$\sum 入流 = \sum 出流 + \sum 消耗 \tag{2-3}$$

（3）满足度约束

满足度是指需求被满足的百分比，是为每个需求点生成的一个新的线性规划变量。

$$\sum 入流_{DS} = 供给要求_{DS} \times 满足度_{DS} \tag{2-4}$$

WEAP 的目标是最大化所有需求点的满足度。在没有足够的水满足优先顺序相同的所有需求时，WEAP 试图以其需求的相同百分比满足所有需求。

$$满足度_{Final} = 满足度_{DS1} = 满足度_{DS2} \tag{2-5}$$

2.3　水资源供需平衡分析和水资源承载力计算

需水预测涉及经济、社会以及生态环境的各个方面，具有一定的复杂性和不确定性，同时，需水预测也是水资源分配模型分析计算的必备输入条件，对水资源分配结果会产生重要的影响。根据现状年 2007 年的社会经济状况及水资源状况，对规划水平年 2020 年（中期规划）和 2030 年（远期规划）的可供水量和不同情景下的需水量进行预测，重点分析计算现状年和规划水平年的水资源的供需平衡和水资源的承载力。

2.3.1　需水预测的内容和原则及研究区分区

（1）需水预测的内容和原则

需水预测以新口径进行用水量分类，即：包括生活用水、生产用水和生态用水。其中生活用水分为城市居民生活用水和农村居民生活用水；生产用水分为第一产业用水、第二产业用水和第三产业用水；生态用水分为河道内用水和河道外用水（见表2-1）。

需水预测与社会经济发展规划相结合，反映本地区社会经济可持续发展的要求。应遵循以下4条原则：

1）以现状年用水和节水为基准，分别对各规划水平年进行需水预测。

2）与人口增长、社会经济发展计划、环境用水相协调。

3）考虑国民经济发展中的产业、产品结构的调整和变化。

4）重视现状基础资料调查，结合历史情况进行规律分析和合理的趋势外延，使需水预测符合区域特点和用水习惯。

表 2-1　生活生产和生态用水口径划分

一级	二级	三级	四级
生活	生活	城镇生活	城镇居民生活
		农村生活	农村居民生活
生产	第一产业	种植业	水田
			水浇地
		农林渔业	灌溉林果地
			灌溉草场
			牲畜
			渔场
	第二产业	工业	高用水工业
			一般工业
			火核电工业
		建筑业	建筑业
	第三产业	商饮业	商饮业
		服务业	服务业
生态	河道内	生态功能	河道基本功能
			河口生态
			通河湖泊与湿地
			其他河道内
	河道外	生态功能	湖泊湿地
		生态建设	美化城市景观
			生态建设

（2）研究区的分区

分区的基本原则：①流域分区以管理分区为基础。水资源计算分区作为管理分区的基本单元。水资源分区及计算单元是在一定时期内相对固定并带有强制性的分区模式，基本资料齐备，有利于参考和比较，是水资源管理分区的基础；②水资源利用方向和存在的问题基本相同和相似。各个分区内部的不同计算单元的水资源条件、社会经济、环境等基本一致或相似；③同一分区内水资源管理政策相似。

根据流域水系划分，研究区划分为黄水河流域、泳汶河流域、北马南河流域以及八里沙河流域，为了研究需要，在流域划分的基础上对研究区进一步划分为12 个小分区。研究区分区结果详见表2-2。

表2-2 研 究 区 分 区

流域	分区名称	涉及乡镇	面积/km^2
八里沙河流域	黄山馆	黄山馆镇、张星镇、北马镇、龙口开发区	65.6
北马南河流域	北马	北马镇、张星镇、芦头镇	86.5
	龙口开发区	龙口开发区	40.3
	小计		126.8
泳汶河流域	芦头下丁家	北马镇、芦头镇、下丁家镇、东江街道办事处	148.9
	新嘉徐福	新嘉街道办事处、徐福街道办事处	118
	小计		266.9
黄水河流域	诸由观	诸由观镇、度假区	101.5
	兰高七甲石良	兰高镇、七甲镇、石良镇	291.6
	东江	东江街道办事处、高新区	57.5
	东莱	东莱街道办事处、新嘉街道办事处	47.6
	阜山苏家店	阜山镇、苏家店镇	223.6
	北沟小门家	北沟镇、小门家镇	160.2
	村里集小门家	村里集镇、小门家镇	165
	小计		1047
总计			1506.3

2.3.2 社会经济指标预测分析

2.3.2.1 人口发展预测

人口的增长不仅取决于社会经济发展水平，而且取决于生活消费水平和计划生育政策等。根据2000—2007 年的人口统计显示，研究区人口前期呈现持续平稳的增长态势，后期人口出现下降趋势，平均增长率为3.00‰。2007 年研究区人口总数为 92.07 万人, 城市化率为 31.74%。

以 2007 年为基准年, 通过对研究区未来人口变化分析, 并参考国家计划生育委员会、国家发展计划委员会和国家统计局等有关单位的研究成果, 结合近年来人口自然增长率和育龄妇女生育率下降的趋势, 预测结果分别为: 2007—2020 年的平均增长率为 2.16‰, 2020 年人口总数将达到 94.68 万人, 城市化率为 49.48%; 2020—2030 年的平均增长率为 -0.3‰, 2030 年人口总数将达到 94.38 万人, 城市化率为 57.40%。

随着社会经济的快速发展, 该地区的城市化率不断上升。2007 年该地区的城市化率为 31.74%, 比《2007 年中国城市化率调查报告》中的城市化率 32.93% 要低, 预测到 2020 年该地区城市化率为 49.48%, 比国家预测的 2020 年城市化率 58.5% 略低, 预测到 2030 年该地区城市化率为 57.51%, 与中国预测的 2030 年城市化率 65%（中国发展报告 2010——促进人的发展的中国新型城市化战略）低, 但是在该区的某些乡镇城市化率相对较高, 特别是东莱街道办事处、新嘉街道办事处、龙口开发区和龙港街道办事处, 城市化率达到 90% 以上。

2.3.2.2 生产发展预测

（1）第一产业发展预测

1）农林牧渔发展预测。研究区现有耕地面积 41.81 万亩, 其中有效灌溉面积 40.66 万亩, 实际灌溉面积 40.66 万亩。实际灌溉面积中水浇地灌溉面积、菜田灌溉面积分别为 31.58 万亩、9.08 万亩, 粮食总产量为 17.95 万 t。

由于工业化和城市化水平的不断提高, 占用了大量的土地, 特别是耕地, 导致研究区耕地面积不断下降。预计到 2020 年、2030 年农业和林果地实灌面积为 840628 亩、790834 亩。

2）畜牧业发展预测。2007 年市内大牲畜存栏 2.30 万头, 小牲畜存栏 45.56 万头。根据大牲畜适当减少、小牲畜略有发展的原则预测。预测 2020 年, 大牲畜 1.96 万头, 小牲畜增加到 46.12 万头; 预测 2030 年, 大牲畜 1.97 万头, 小牲畜增加到 48.93 万头。

（2）宏观经济发展预测

近几年, 研究区工业呈现快速、健康发展的态势。截至 2007 年研究区国内生产增加值为 575 亿元。其中第一产业增加值为 45 亿元, 工业增加值为 340 亿元、建筑业增加值为 17 亿元、第三产业增加值为 173 亿元, 其中第一产业、第二产业、第三产业的比例为 7.8:62.1:30.1。

考虑到经济发展过程中受到诸多不确定性因素的影响, 尤其是在全球经济一体化和国际金融危机等冲击下, 在分析和预测研究区第一产业、工业、建筑业和第三产业未来发展速度时, 根据经济发展中的各种有利和不利因素, 以高速发展

（高方案）、适度发展（低方案）两种方案分别预测第一产业、工业、建筑业和第三产业发展规模。

高方案：考虑到 2007 年研究区内的龙口市是山东省列居全国综合实力百强县第 14 位、山东省第 2 位。2007 年区内第一产业增加值为 45 亿元，工业增加值为 340 亿元、建筑业增加值为 17 亿元和第三产业增加值为 173 亿元。预计到 2020 年该区第一产业增加值将达到 138 亿元，第一产业增加值是 2007 年的 3.07 倍；工业增加值将达到 1238 亿元，工业增加值是 2007 年的 3.64 倍；建筑业增加值将达到 84 亿元，比 2007 年增长 4.90 倍；第三产业增加值将达到 826 亿元，比 2007 年增长 4.90 倍。预计到 2030 年该区第一产业增加值将达到 297 亿元，第一产业增加值比 2007 年增长 6.60 倍；工业增加值将达到 2730 亿元，工业增加值比 2007 年增长 8.03 倍；建筑业增加值将达到 217 亿元，比 2007 年增长 12.70 倍；第三产业增加值将达到 2402 亿元，比 2007 年增长 13.91 倍。

低方案：预计到 2020 年该区第一产业增加值将达到 122 亿元，第一产业增加值比 2007 年增长 2.71 倍；工业增加值将达到 1102 亿元，工业增加值比 2007 年增长 3.24 倍；建筑业增加值将达到 75 亿元，建筑业增加值比 2007 年增长 4.36 倍；第三产业增加值将达到 825.89 亿元，第三产业增加值是 2007 年的 4.36 倍。预计到 2030 年该区第一产业增加值将达到 240 亿元，第一产业增加值是 2007 年的 5.33 倍；工业增加值将达到 2227 亿元，工业增加值比 2007 年增长 6.55 倍；建筑业增加值将达到 177 亿元，建筑业增加值比 2007 年增长 10.33 倍；第三产业增加值将达到 1955 亿元，第三产业增加值是 2007 年的 11.32 倍。

2.3.3　需水预测模型

水资源优化配置的根本任务是解决水资源供需不平衡问题。因此，基于经济社会发展，进行需水预测是水资源优化配置的前提，也是水资源配置必要内容。由于人口增长、生产发展、生活质量不断提高及维护生态环境是影响需水量变化的关键性驱动因素，并进而决定水资源开发利用保护的程度，因此，在进行生活、生产和生态环境需水预测时，首先必须坚持协调发展和可持续利用原则，水资源开发利用要与经济社会发展的目标、规模、水平和速度相适应。另一方面，经济社会发展要与水资源承载能力相适应，城市发展、生产力布局、产业结构调整以及生态环境建设要充分考虑水资源条件。水资源优化配置的目的就是解决水资源供需不平衡的问题。

需水预测的方法主要有两种方法：一是指标量值的预测方法。按是否采用统计方法分为：统计方法和非统计方法。按预测时期长短分为短期预测、中期预测和长期预测。按是否采用数学模型方法分为定量预测法和定性预测法，常用的有趋势外推法、多元回归法、经济计量模型。二是通常情况下，需要预测的用水定额有各行业的净用水定额和毛用水定额，可采用定量预测方法，包括趋势外推法、多元回归法与参考对比取值法等。

需水预测结果的影响因素主要有：①不同经济社会发展情景；②不同产业结构和用水结构；③不同用水定额和节水水平。

2.3.3.1　生活和生态需水量模型

1）生活需水分为城镇居民生活需水和农村居民生活需水两类。生活需水的预测方法有定额分析法、趋势分析法和分类分析权重法。但现在一般选用定额分析法。

所谓的定额分析法就是根据人口的数量和人均用水量（定额）来确定用水量的方法。由于城镇生活用水和农村生活用水存在差异。其基本公式为

$$\left.\begin{array}{l} W_{净城镇居民} = 365K_{城镇居民}P_{城镇居民}, \quad W_{毛城镇居民} = W_{净城镇居民}/\eta_{城镇居民} \\ W_{净农村居民} = 365K_{农村居民}P_{市城居民}, \quad W_{毛农村居民} = W_{净农村居民}/\eta_{农村居民} \\ W_{生活} = W_{毛城镇居民} + W_{毛农村居民} \end{array}\right\} \quad (2\text{-}6)$$

式中：$W_{净城镇居民}$、$W_{净农村居民}$、$W_{净城镇居民}$、$W_{净农村居民}$、$W_{生活}$分别为某一水平年城镇居民净生活需水量、农村居民净生活需水量、城镇居民毛生活需水量、农村居民毛生活需水量、生活需水总量；$P_{城镇居民}$、$P_{农村居民}$分别为某一水平年中城镇人口数量、农村人口数量；$K_{C城镇居民}$、$K_{生活居民}$分别为某一水平年拟订的城镇生活需水综合定额和农村生活需水综合定额。拟订以现状年为基础，综合考虑多年的变化情况，并参考国内外先进国家的实际情况进行综合推定。生活需水分城镇居民和农村居民两类，可采用人均日用水量方法进行预测。

2）生态需水包括河道外生态需水和河道内生态需水。生态需水预测不分净需水总量和毛需水总量，也不分需水方案，采用统一值，河道外生态需水量参与水资源的供需平衡，而河道内生态需水不参与水资源的供需平衡。修复或假设给定区域的生态环境需要人为补充的水量。分为城镇生态需水和农村生态需水。城镇生态需水量为保持城镇良好的生态环境所需要的水量，主要包括城镇绿地建设需水量、城镇河湖补水量和城镇环境卫生需水量。农村环境需水量包括湖泊沼泽湿地生态环境补水、林草植被建设需水和地下水回灌补源等。城市生态环境需水分析主要包括城镇绿地和城市环境卫生用水。2007年、2020年和2030年生态用水分别占居民生活用水的7%、12%和16%。

2.3.3.2　第一产业需水量模型

第一产业需水量也就是农业需水量，它包括农田灌溉需水和林牧渔业需水两部分。其中，根据农田土地的不同用途可以划分为水浇地、菜地需水；林牧渔业需水分为林果地灌溉、牲畜用水。

（1）农田灌溉需水量

由于山东省总体上属于资源型缺水地区，按基本满足作物生长需求的非充分灌溉定额考虑。以理论计算和以往实灌统计资料为依据，采用调查统计、历史资料和理论计算相结合的方法综合确定非充分灌溉定额。

农田灌溉用水采用灌溉净定额除以渠系水利用系数再乘以灌溉面积的方法进行计算。计算公式可表示为

$$W_{灌溉} = \frac{\omega_{灌溉}}{\eta} A_{灌溉} \qquad (2\text{-}7)$$

式中：$W_{灌溉}$ 为农田灌溉用水量，m^3；$\omega_{灌溉}$ 为农田灌溉定额，m^3/亩；η 为渠系水利用系数；$A_{灌溉}$ 农田灌溉面积，亩。

（2）林牧渔畜需水预测

林牧渔畜需水量包括林果地灌溉和牲畜用水等两项。灌溉林果地预测采用灌溉定额预测方法。

（3）用水定额

现状水平年，研究区 2007 年在强化节水和适度节水条件下用水定额相同。灌溉保证率50%水浇地、菜田、林果地毛灌溉定额分别为190m^3/亩、240m^3/亩和170m^3/亩；当灌溉保证率提高到75%时，水浇地、菜田、林果地毛灌溉定额分别为200m^3/亩、250m^3/亩和180m^3/亩。

在适度节水条件下，预测该区 2020 水平年灌溉保证率 50%时，水浇地、菜田、林果地毛灌溉定额分别为180m^3/亩、230m^3/亩和160m^3/亩；灌溉保证率75%时，水浇地、菜田、林果地毛灌溉定额分别为 190m^3/亩、240m^3/亩和170m^3/亩。预测该区 2030 水平年灌溉保证率 50%时，水浇地、菜田、林果地毛灌溉定额分别为170m^3/亩、220m^3/亩和150m^3/亩；灌溉保证率 75%时，水浇地、菜田、林果地毛灌溉定额分别为180m^3/亩、230m^3/亩和160m^3/亩。

在强化节水条件下，预测该区 2020 水平年灌溉保证率 50%时，水浇地、菜田、林果地毛灌溉定额分别为175m^3/亩、225m^3/亩和150m^3/亩；灌溉保证率 75%时，水浇地、菜田、林果地毛灌溉定额分别为 185m^3/亩、235m^3/亩和160m^3/亩。预测该区 2030 水平年灌溉保证率 50%时，水浇地、菜田、林果地毛灌溉定额分别为165m^3/亩、215 m^3/亩和140m^3/亩；灌溉保证率 75%时，水浇地、菜田、林果地毛灌溉定额分别为170m^3/亩、225m^3/亩和150m^3/亩。

大、小牲畜用水定额，确定现状水平年和规划水平年均分别按 40L/(头·d)和20L/(头·d)统一计算。

2.3.3.3　第二产业和第三产业用水的预测方法

（1）第二产业需水预测

第二产业需水是指工业和建筑业需水。

1）工业需水预测。工业需水划分为一般工业和火电工业、核电工业三大类。一般工业需水采用万元增加值用水量定额法进行预测；火电工业分循环式、直流式两种冷却用水方式，采用单位装机容量（万 kW）缺水量法进行需水预测。

定额法的基本公式同生活用水基本相似，可以用下式来表示：

$$W_工=VK \tag{2-8}$$

式中：$W_工$ 为某一水平年工业用水需水量；V 为某一水平年工业产值，万元；K 为某一水平年万元产值需水量。

2）建筑业需水预测。建筑业需水量预测方法参照工业需水量预测方法，采用建筑业万元增加值用水量定额法，分不同需水方案，不同规划水平年进行需水量预测。

3）第三产业需水量预测。研究区第三产业将保持持续快速发展，第三产业用水量将有一定幅度增加。第三产业需水量采用万元增加值用水量进行预测，并采用第三产业从业人员人均用水量进行复核。按照第三产业发展规模，分不同需水方案、不同规划水平年进行需水量预测。

（2）用水定额

现状水平年工业增加值用水定额是根据 2007 年实施工业增加值和用水量计算得到；规划水平年，则根据现状工业结构、节水水平和未来科技进步、社会发展及水重复利用率的提高，进一步预测得到。

（3）第二产业和第三产业需水总量

通过考虑未来工业用水定额、建筑业用水定额和第三产业用水定额并按照适度节水和强化节水两种情景，再根据研究区工业增加值、建筑业增加值和第三产业增加值预测结果，可计算不同组合的工业、建筑业和第三产业需水方案，即方案 A（经济低增长和适度节水）、方案 B（经济低增长和强化节水）、方案 C（经济高增长和适度节水）和方案 D（经济高增长和强化节水）。

2.3.4 需水总量

根据研究区生活和生态需水量、农林牧渔、工业需水量、建筑业需水量及第三产业需水量预测结果，综合考虑社会经济发展速度与节水水平的组合，确定四种情景的需水方案，即方案 A（经济低增长和适度节水）、方案 B（经济低增长和强化节水）、方案 C（经济高增长和适度节水）和方案 D（经济高增长和强化节水）。

2.3.5 可供水量预测

（1）地表水可供水量

可供水量是指在不同条件下（不同水平年、不同保证率）通过各项工程措施，在合理开发利用的前提下，可提供的能满足一定水质要求的水量。

可供水量可分为单项工程可供水量和区域可供水量。一般来说，区域内互相联系的工程之间，具有一定的补偿和调节作用，区域可供水量不是区域内各单项工程可供水量简单相加之和。基准年区域可供水量即是现状供水设施可供水量，是指现状供水工程组成的系统并根据基准年需水要求，经过调节计算后得出。

（2）地下水可供水量

地下水天然资源量是指受天然水文周期控制呈现规律变化的地下水多年平均补给量。龙口市地下水主要来自于降水入渗补给，其次为侧向补给，为王屋水库上游来自招远、栖霞的侧向补给及龙口市东部与蓬莱交界的低丘台地侧向补给，主要以河谷潜流形式进行补给。黄城集河在龙口、蓬莱交界岳家圈处，在蓬莱境内进行了工程截流，因此，无地下水侧向补给。

山丘区地下水主要靠降雨入渗补给，由于地形、地貌、地层岩性和水文地质条件的差别，降雨入渗补给参数只能确定一个综合值来计算，再根据山丘区多年平均地下水补排平衡原理，以其总排泄量作为地下水补给量来校核。

平原区分别计算降水入渗补给量、河道及地表水体渗漏补给量、山前侧向补给量、渠灌入渗补给量以及排泄入海量。东部井灌区在沿海一带筑有地下挡水坝截堵潜流，排泄入海量可忽略不计，潜水蒸发量极限埋深为3m，各计算区地下水埋深一般在3m以下，本次计算对此量忽略不计。平原区地下水观测网密度较高，利用实际观测的资料，采用分析计算法进行了校验。

（3）其他可供水量

污水通过不同程度的工艺处理，甚至可以达到饮用水、纯净水的水质标准，从而应用于各个领域。但就现状而言，污水处理再利用对象主要是工业、市政、河道补水、景观用水、城市绿化、江湖补水、农业灌溉、生态环境等。

目前，研究区已建成城市污水处理厂6座，东城区黄城污水处理厂日处理能力2.5万t，西城区龙口污水处理厂日处理能力2万t，南山集团4座污水处理厂日处理能力7万t，两城区污水处理后再生水年利用量300万t，南山集团污水处理厂处理后的水主要用于南山工业园区和东海工业园区的环境和绿化。2015年前完成日处理能力2万t的黄水河污水处理厂，2020年前完成日处理能力4万t的泳汶河污水处理厂和2万t的海岱污水处理厂，再生水年利用量可增加1000万t。

2007 年雨水利用量 10 万 m³。2020 年在泳汶河主河道新建拦河闸 3 座，增加供水量 90 万 m³，在城区建成 60 余座城市雨水回收利用设施，年增加供水量 30 万 m³。2030 年在南部丘陵山区建造雨水收集利用设施 80 处，年增加供水量 50 万 m³。

2007 年、2020 年和 2030 年沿海企业改造利用海水，洗涤业、制冰冷冻业及工业冷却用水全部使用海水。

（4）引黄河水

胶东调水引黄工程年分配水量 1300 万 m^3，分别以迟家沟水库和员外刘家水库为调蓄水库。迟家沟水库主要以给南山集团的南部山区供水，员外刘家水库则以给西城区供水为主。

（5）可供水总量

研究区现状和规划水平年可供水量见表 2-3。

表 2-3　研究区不同水平年水资源可供水量预测　　单位：万 m^3

水平年	保证率	地表水	地下水	非常规水	外调水	合计
2007	50%	9202	15789	1870	0	26861
	75%	5916	16718	1870	0	24504
	95%	2677	17646	1870	0	22194
2020	50%	9202	15789	2670	1300	28961
	75%	5916	16718	2670	1300	26604
	95%	2677	17646	2670	1300	24294
2030	50%	9202	15789	3370	1300	29661
	75%	5916	16718	3370	1300	27304
	95%	2677	17646	3370	1300	24994

2.3.6　供需平衡分析和水资源承载力

2.3.6.1　水资源供需平衡

需水量为低发展和适度节水方案下需水总量，需水中不考虑河道内生态用水；供水水源包括当地水资源、非常规水和外调水，现状水平年和规划水平年不同保证率供需平衡结果见表 2-4。

表 2-4　研究区供需平衡分析成果表　　单位：万 m^3

水平年	规划年	可供水量	需水量	余缺水率	余缺水程度
2007	50%	26861	23777	3084	12.97%
	75%	24504	24762	−259	−1.04%
	95%	22194	24762	−2569	−10.37%
2020	50%	28961	25090	3871	15.43%

水平年	规划年	可供水量	需水量	余缺水率	余缺水程度
	75%	26604	25931	673	2.59%
	95%	24294	25931	−1637	−6.31%
	50%	29661	26331	3330	12.65%
2030	75%	27304	27122	182	0.67%
	95%	24994	27122	−2128	−7.85%

2.3.6.2　水资源承载力研究

（1）量化指标的选取

一般而言，和谐发展的社会将在经济（GDP）、农业生产（粮食）、生活及生态等四个方面达到平衡。因此，水资源承载力量化所选取的基础指标应能清晰、简明反映水资源对社会经济、农业生产、人口和景观生态环境的主要承载能力。根据这种要求，本次研究量化指标包括承载人口数量 P、承载经济规模 GDP、承载粮食产量 GRAIN 以及承载景观生态环境用水量 WDE。

（2）量化模型构建

量化计算涉及两个系列的水资源承载力系统构成因素的计算，即按需求计算水资源承载力的参数和按供给计算水资源承载力的参数。

1）水量平衡关系

$$W_S = W_D \tag{2-9}$$

$$W_D = W_{DP} + W_{DA} + W_{DI} + W_{DE} \tag{2-10}$$

式中：W_S 为总供水量，即自然水资源可利用量 W_{DP}；W_D 为总需水量，由生活用水量 W_{DP}、农业用水量 W_{DA}、工业用水量 W_{DI} 和生态环境用水量 W_{DE} 构成。

2）水量经济关系

$$W_{DP} = P \cdot q_P \tag{2-11}$$

$$W_{DA} = P \cdot P_{GRAIN} \cdot q_A \tag{2-12}$$

$$W_{DI} = P \cdot P_{GDPI} \cdot q_I \tag{2-13}$$

$$W_{DE} = P \cdot q_E \tag{2-14}$$

式中：P 为承载的人口数量；q_P 为生活用水综合定额，当城市化率为 k、城镇居民生活用水定额 q_{PU}、农村居民生活用水定额 q_{PR} 时，$q_P = q_{PU} \cdot k + q_{PR} \cdot (1-k)$；$q_A$ 为单位粮食耗水量；P_{GRAIN} 为人均粮食；P_{GDPI} 为人均工业 GDP；q_I 为万元工业 GDP 用水定额；q_E 为人均生态环境用水量。

3）目标函数。当给定可利用水量 W_S 后，其分配的主要问题是如何将有限的

利用水量 W_S 在用水部门间进行分配并最终达成内在的均衡。

由经济和水量平衡公式可得出承载人口数量的关系式：

$$P=W_s/(q_P+P_{GRAIN} \cdot q_A+P_{GDPI} \cdot q_I+ q_E) \qquad (2-15)$$

由此，对于区域或流域水资源承载力 $P*$ 为

$$P*=\max(P) \qquad (2-16)$$

当得出人口数之后，即可得到社会经济 GDP、粮食产量及生态环境供水量。

（3）量化结果

考虑研究区 50%、75% 及 95% 供水保证率时对应可供水资源量的承载力计算。可供水资源量按当地水资源可供水量和客水资源可供水量分别统计，其中当地水资源可供水量包括当地地表水、当地地下水、非常规水等，客水资源可供水量包括引黄水，详见表 2-5。

表 2-5　研究区可供水量预测统计表　　　　单位：万 m³

水平年 \ 类型	供水保证率	当地水资源可供水量	客水资源可供水量	可供水资源总量
2007	50%	26861	0	26861
	75%	24504	0	24504
	95%	22194	0	22194
2020	50%	27661	1300	28961
	75%	25304	1300	26604
	95%	22994	1300	24294
2030	50%	28361	1300	29661
	75%	26004	1300	27304
	95%	23694	1300	24994

根据研究区现状水平年供用水状况，参考研究区相关行业定额水平，确定研究区不同水平年水资源承载力计算基本参数，见表 2-6。

表 2-6　研究区水资源承载力计算基本参数统计表

水平年 \ 指标	人均生活用水综合定额 /[L/(人·d)]	人均粮食占有量 /[kg/(人·a)]	单位粮食用水量 /(m³/kg)	人均 GDP 占有量/元	万元 GDP 取水量 /(m³/万元)	人均生态环境用水量 /[m³/(人·a)]
2007	64	195	0.33	57554	5.85	1.63
2020	80	195	0.25	203914	3.61	3.51
2030	96	195	0.2	461736	2.08	5.59

根据以上参数，研究区 2007 现状水平年、2020 规划水平年和 2030 规划水平年不同保证率下，水资源可供水资源量承载能力计算结果见表 2-7。

表 2-7　研究区水资源承载力计算成果

基本参数			可供水量/万 m³	承载人口/万人	承载 GDP/亿元	承载粮食产量/万 t	承载生态环境用水量/万 m³
2007 年	50%	当地水资源	26861	218	1257	43	356
		客水资源	0	0	0	0	0
		合　计	26861	218	1257	43	356
	75%	当地水资源	24504	199	1147	39	325
		客水资源	0	0	0	0	0
		合　计	24504	199	1147	39	325
	95%	当地水资源	22194	181	1039	35	295
		客水资源	0	0	0	0	0
		合　计	22194	181	1039	35	295
2020 年	50%	当地水资源	27661	179	3640	35	627
		客水资源	1300	8	171	2	30
		合　计	28961	187	3811	36	656
	75%	当地水资源	25304	163	3330	32	573
		客水资源	1300	8	171	2	30
		合　计	26604	172	3501	34	603
	95%	当地水资源	22994	148	3026	29	521
		客水资源	1300	8	171	2	30
		合　计	24294	157	3197	31	551
2030 年	50%	当地水资源	28361	161	7449	32	902
		客水资源	1300	7	341	1	41
		合　计	29661	169	7790	33	943
	75%	当地水资源	26004	148	6830	29	827
		客水资源	1300	7	341	1	41
		合　计	27304	155	7171	30	868
	95%	当地水资源	23694	135	6223	26	754
		客水资源	1300	7	341	1	41
		合　计	24994	142	6564	28	795

2.4 水资源优化配置

2.4.1 水资源优化配置的原则和流程

2.4.1.1 指导思想

水资源优化配置包括需水管理和供水管理两方面的内容。在需水方面通过调整产业结构与调整生产力布局，积极发展高效节水产业抑制需水增长势头，以适应较为不利的水资源条件。在供水方面则是协调各单位竞争性用水，加强管理，并通过工程措施改变水资源天然时空分布与生产力布局不相适应的被动局面。

水资源优化配置的主要目标就是协调资源、经济和生态环境的动态关系，追求可持续发展的水资源配置，可持续发展的水资源优化配置是基于宏观经济的水资源配置的进一步升华，遵循人口、资源、环境和经济协调发展的战略原则，在保护生态环境（包括水环境）的同时，促进经济增长和社会繁荣。目前我国关于可持续发展的研究还没有摆脱理论探讨多、实践应用少的局面，并且理论探讨多集中在可持续发展指标体系的构筑、区域可持续发展的判别方法和应用等方面。在水资源的研究方面，也主要集中在区域水资源可持续发展的指标体系构筑和依据已有统计资料对水资源开发利用的可持续性进行判别上。对于水资源可持续利用，主要侧重于"时间序列"（如当代与后代、人类未来等）上的认识，对于"空间分布"上的认识（如区域资源的随机分布、环境格局的不平衡、发达地区和落后地区社会经济状况的差异等）基本上没有涉及，这也是目前对于可持续发展理解的一个误区，理想的可持续发展模型应是"时间和空间有机耦合"。因此，可持续发展理论作为水资源优化配置的一种理想模式，在模型结构及模型建立上与实际应用都还有相当的差距，但它必然是水资源优化配置研究的发展方向。

2.4.1.2 配置原则

在进行研究区水资源优化配置模拟时遵循了以下原则。

（1）可持续性原则

所谓可持续性，就是要求保证水资源的开发利用不仅能使当代人受益，还要保证后代人享受同等的权利。其目的是为了能使水资源永续地利用下去，也可以理解为代际间水资源分配的公平性原则。它要求近期与远期之间、当代与后代之间在水资源的利用上需要一个协调发展、公平利用的原则，而不是掠夺性地开发利用，甚至破坏，即当代人对水资源的利用，不应使后代人正常利用水资源的权利遭到破坏。由于水资源是一种特殊的资源，是通过水文循环得到恢复与更新的，不同赋存条件的水资源，其循环更新周期不同，所以应区别对待。因此，只要当代人的社会经济活动不超过流域或区域水资源的承载能力，并且污染物的排放不超过区域水环境容量，便可使水资源的利用满足可持续性原则。

（2）高效性原则

从经济学的观点可解释为：水是有限的自然资源，国民经济各部门对其使用并产生回报。经济上有效的水资源分配，是水资源利用的边际效益在各用水部门中都相等，以获得最大的效益——即在某一部门增加一个单位的水资源利用量所产生的效益，在其他任何部门也是相同的。否则社会将分配这部分水资源给能产生更大效益的部门。需要强调的是这里的高效性不单纯是经济意义上的高效性，它同时包括社会效益和环境效益，是针对能够使经济、社会与环境协调发展的综合利用效益而言的。

（3）公平性原则

以满足不同区域间和社会各阶层间的各方利益进行资源合理分配为目标。它要求不同区域之间的协调发展，以及发展效益或资源利用效益在同一区域内社会各阶层中的公平分配。因此，城镇生活用水需求与农村生活用水需求具有同等级别；引黄或引江客水在可实现供水的各乡镇之间具有同等的权利；污水处理及回用，各乡镇拥有同等的义务；工业、农业、生活等各部门的节水，各乡镇拥有同等义务。

2.4.1.3 配置流程

从研究区水系联网建设及水资源供用水状况来看，实现水资源优化配置的途径主要有以下几个方面。

（1）空间调配

由于天然水资源在空间分布方面存在较大的不均衡性，因此利用输调水工程进行水资源的空间调配成为水资源优化配置的首要途径。例如王屋水库、迟家沟水库、北邢家水库分别通过不同的调水工程向不同乡镇或部门供水，都实现了水资源在空间上的再分配，缓解了非水源区的水资源供需矛盾，也提高了水源较丰富区的水资源利用效率。需要强调的是，这种空间调配不是盲目进行的，而是在一定分水原则下并充分考虑既得利益地区的权益之后确定的。

（2）时间调节

时间上调节分年内调节和年际调节。年内调节是由于调蓄水库库容的补偿作用，将水文年丰水时段（通常为6—9月）的水储存起来，到年末的枯水时段利用；年际调节则是利用调蓄库容将丰水年的水储存起来，到枯水年利用，这需要更大的库容。从水源组成来看，地表水资源年内、年际波动大，汛期6—9月降水量可达全年降水量的75%，而丰水年降水量可以达到枯水年降水量的3~5倍，因此利用王屋水库等大型蓄水工程进行时间调度是十分必要的；地下水资源相对稳定，为避免出现超采现象必须限制开采总量，但由于建立了黄水河地下水库和八里沙河地下水库，因而利用地下水资源的蓄水功能进行水量的时间调度也成为一种可能，如黄水河在王屋水库以下干流分布多个傍河地下水源地，对于补充枯水期水资源的供给具有重要的意义。

（3）部门调度

随着城市化的不断推进、区域经济的持续发展，城镇生活及工业等部门的需水量持续增加，从而导致水资源供给在部门间的必然转移。因此，这种水资源供给在部门间的转移是合理的。而为提高水资源利用的整体效率，在水资源配置过程中也会进行类似的调度。例如王屋水库、迟家沟水库、北邢家水库等，在早期均以农业灌溉为主要供水对象，但近些年城市生活及工业供水任务逐步加大，并导致实际灌溉面积不断萎缩，实际上反映的就是水资源供给在部门间的转移现象；当遭遇枯水或特枯年份，为保障城市用水安全，上述水库将进一步减少农业灌溉面积而加大向城市供水规模。当然，这种转移会导致农业生产蒙受损失，为此须通过取水许可补偿等行政手段及水权转让等市场手段来实现必要的补偿。

2.4.2　模型构建

2.4.2.1　多目标水资源优化配置模型构建

水资源模拟模型采用线性规划计算方法，数学形式主要包括目标函数、平衡方程、计算时段、水文系列及模拟方案等因素。其中目标函数是模型在寻求优化解时计算的方向，它的确定与社会发展的需求有关，不同的目标函数可以获得当前目标条件下的最优解；平衡方程即各种水量平衡关系、区域分水协议、部门分水协议、供水水源协议等，它是模型进行水量调度的依据条件，针对不同的模型，约束条件可以不同；计算时段可以反映模型计算的精度，主要有年、月、旬等选择，一般则以月作为模型计算时段；水文系列决定了模拟的总时间长度，水文系列一般不少于30年，但也不是越长最好；模拟方案是根据不同的需要设定的模型计算规则，每一种方案往往代表一整套计算规则和参数。

根据水资源优化配置的可持续发展原则，水资源优化配置既要追求经济效益，又要注重社会效益和生态环境效益。因此本次研究的目标函数共有三个：社会目标、经济目标、环境目标。

（1）社会目标

社会目标是各水平年各子区不同行业的满足度最大，即

$$\text{Max}S_m(x) = \text{Max}\left\{\frac{\sum_{k=1}^{K}\sum_{j=1}^{J(k)}(\sum_{i=1}^{I(k)}x_{ij}^k + \sum_{c=1}^{M}x_{cj}^k)}{\sum_{k=1}^{k}\sum_{j=1}^{j}T_j^k}\right\} \tag{2-17}$$

式中：K 为子区数量；$J(k)$ 为用水户的数量；T_j^k 为 k 子区 j 用户的需水量，万 m^3；x_{ij}^k、x_{cj}^k 分别为独立水源 i、公共水源 c 向 k 子区 j 用户的供水量，万 m^3；$I(k)$、M 分别为 k 子区独立水源的数量、公共水源的数量。

（2）经济目标

经济目标是各水平年各子区不同行业用水产生的直接经济效益最大，即

$$\text{Max}G(X) = \sum_{k=1}^{K}\sum_{j=1}^{J(k)}(\sum_{i=1}^{I(k)}b_{ij}^k x_{ij}^k + \sum_{c=1}^{M}b_{cj}^k x_{cj}^k) \tag{2-18}$$

式中：b_{ij}^k、b_{cj}^k 分别为独立水源 i 向 k 子区 j 用户的单位供水量产生的经济效益系数，元/m^3、公用水源 c 向 k 子区 j 用户的单位供水量产生的经济效益系数，元/m^3。

（3）环境目标

环境目标是各水平年各子区污水排放量之和最少，即

$$\text{Max}H(X) = -\text{Min}\left\{\sum_{k=1}^{K}\sum_{j=1}^{J(k)}p_j^k(\sum_{i=1}^{J(k)}x_{ij}^k + \sum_{c=1}^{M}x_{cj}^k)\right\} \tag{2-19}$$

式中：p_j^k 为 k 子区 i 用户污水排放系数。

2.4.2.2 约束条件

利用 WEAP 软件模拟研究区水资源配置，概化了研究区水资源系统，水资源的输、供、排等各环节均被纳入其中，而每个节点均会存在至少一个水量平衡方程。这些平衡方程反映了各类水量平衡关系、供水水源协议、输供水渠道约束等，既受自然规律的约束，也有受人为规定的约束。这里仅列出最关键的部分平衡方程。

1）水源可供水量约束。

公共水源：

$$\left.\begin{array}{l}\sum_{j=1}^{J(k)}x_{cj}^k \leqslant D_c^k \\[2em] \sum_{k=1}^{k}D_c^k \leqslant W_c\end{array}\right\} \tag{2-20}$$

独立水源：

$$\sum_{j=1}^{J(k)} x_{ij}^k \leqslant W_i^k \tag{2-21}$$

式中：W_c、W_i^k 分别为公共水源 c、k 子区独立水源 i 的可供水量；x_{cj}^k、D_c^k 分别为公共水源 c 向子区 j 用户的供水量、公共水源 c 分配给 k 子区的水量。

2）满足度约束：

$$\sum_{j=1}^{J(k)} D_j^k = \sum_{j=1}^{J(k)} (T_j^k S_j) \tag{2-22}$$

式中：D_j^k、T_j^k 分别为 k 子区 j 用户的入流量、需水量；S_j 为 k 子区 j 用户的满足度。

3）非负约束：

$$\left. \begin{array}{l} x_{ij}^k \geqslant 0 \\ x_{cj}^k \geqslant 0 \end{array} \right\} \tag{2-23}$$

4）WEAP 中的每个节点和连接都有一个质量平衡方程，在线性规划中形成质量平衡约束

$$\sum S_i = \sum Q_i + \sum C_i \tag{2-24}$$

式中：S_i 为第 i 个节点的供水总量；Q_i 为第 i 个节点的用水量；C_i 为第 i 个节点的消耗量。

5）供需水优先顺序限制。以"先地表水，后地下水"的原则对需水点进行供水。需水中，生活和生态需水为第一需水顺序，生产为第二需水顺序，农业为第三需水顺序。

6）输水能力约束：

$$\sum_{j}^{J(k)} x_{ij}^k \leqslant Q_{ik} \tag{2-25}$$

式中：Q_{ik} 为 i 水源向 k 调度单元供水的输水能力，万 m^3。

7）用户需水能力约束：

$$\sum_{i=1}^{I(k)} x_{ij}^k \leqslant D_j^k \tag{2-26}$$

式中：D_j 为 k 调度单元 j 用户的需水量。

另外还包括地下水库容限制、水库库容限制、引黄河水水量平衡以及其他约束条件。

2.4.2.3　方案评价

利用权重把社会、经济、环境三个单目标函数转化为一个多目标函数来评价不同方案。

满意是一种心理状态，是客户的需求被满足后的愉悦感，如果用数字来衡量这种心理状态，这个数字就叫做满意度。本次研究是利用满意度来评价这个多目标函数。即首先利用定义的函数关系把三个单目标函数分别用满意度来表示，然后通过权重构建一个多目标函数，再根据这个多目标函数计算各方案，分别得出各方案的数值（即满意度），最后对各数值（满意度）进行比较，选择较优方案。

水资源合理配置模型包括三个目标函数：社会目标函数、经济目标函数和环境目标函数，那么满意度计算也有三个指标：社会目标满意度、经济目标满意度和环境目标满意度。由于社会目标（满足度）和经济目标（GDP）是越大越好；环境目标（污水排放量）是越少越好。因此，评价指标的满意度计算应分别进行。

设 $S_i(i=1, 2, 3)$ 为第 i 单目标的满意度，则 S_i 应具有如下特征：① $0 \leqslant S_i \leqslant 1$；② S_i 无量纲。

定义 S_i 的满意度计算公式为

社会目标：
$$S_1 = S_m \tag{2-27}$$

经济目标：
$$S_2 = \begin{cases} 1, & G(x) \geqslant G_* \\ \dfrac{G(x)}{G_*}, & G(x) \leqslant G_* \end{cases} \tag{2-28}$$

环境目标：
$$S_3 = \begin{cases} 1, & H(x) \leqslant H_* \\ \dfrac{H_*}{H(x)}, & H(x) \geqslant H_* \end{cases} \tag{2-29}$$

式中：G^*、H^*分别表示 GDP 的期望值、污水排放量的期望值。

利用三标度法把社会、经济、环境三个单目标的满意度转化为一个多目标满意度。多目标满意度公式为

$$S = \lambda_1 S_1 + \lambda_2 S_2 + \lambda_3 S_3 \tag{2-30}$$

式中：S 为多目标满意度；S_1、S_2、S_3 分别为社会目标满意度、经济目标满意度、环境目标满意度。λ_1、λ_2、λ_3 分别为社会目标满意度、经济目标满意度、环境目标满意度的权重，且 $\lambda_1 + \lambda_2 + \lambda_3 = 1$。

2.4.3　水文系列及模拟方案

（1）水文系列

模拟模型中水文系列的选择理论上没有限制，但针对不同的任务和要求，系列年的确定还是有一定规律可循的：

1）选定的水文系列年份应该能够反映出区域较明显的水文特性，所以系列年数不能过少。

2）水文系列也不能过长，应尽可能反映现状水平年水利工程状况，否则由于地表下垫面的变化会改变"三水"转化的内在联系，系列年前后来水统计可能产生较大差异，导致结果失真。

选择的水文系列为1970—2007年，共计38年。为考察不同保证率下水资源供需平衡状况，结合研究区逐年降雨量情况，分别选择典型年份考察50%、75%和95%保证率时的水资源供需平衡状况。详见表2-8。

表2-8 研究区水资源优化配置模拟方案一览表

年份	当年降雨量/mm	代表频率年份	年份	当年降雨量/mm	代表频率年份
1970	767.7		1989	329.3	
1971	719.2		1990	660.4	
1972	654.7		1991	403.2	
1973	813.5		1992	507.5	75%
1974	714.8		1993	478.8	
1975	655.7		1994	577.1	
1976	819.7		1995	653	
1977	531.9		1996	694.8	
1978	742.2		1997	465	
1979	546.8		1998	559.1	50%
1980	622.9		1999	422.2	
1981	374.3		2000	441.8	
1982	615.8		2001	755.8	
1983	466.4		2002	438.7	
1984	481.2		2003	635.6	
1985	781.3		2004	539.7	
1986	376.8	95%	2005	488	
1987	484		2006	402.4	
1988	337.4		2007	780.3	

（2）计算时段

计算时段模型受计算的时间限制，对于基本的平衡方程来说，一般按月进行

47

计算；而对目标函数而言，则以年为计算周期。这样，模型按年逐月进行计算，当计算年份目标函数得到最大值时，就得到该年份模型系统的可行解。如此类推，模型得到系列年份的解。

由表 2-8 可知，50%、75%及 95%保证率代表年份分别为 1998 年、1992 年及 1986 年。

（3）模拟方案

模拟方案是为研究的必要设定的多种模拟运行方式，依据不同的方案确定不同的约束条件，对多方案的计算结果进行对比分析即可找到水资源分配的规律。为反映不同阶段模型计算结果，确定现状水平年为 2007 年，规划水平年为 2020 年和 2030 年。

需水方案，根据未来不同规划水平年社会经济发展指标和节水水平，分别给出未来规划水平年 4 个需水方案，即方案 A（低速发展和适度节水方案）、方案 B（低速发展和强化节水方案）、方案 C（高速发展和适度节水方案）、方案 D（高速发展和强化节水方案）。

未来规划水平年可供水量在 2007 年现状年可供水量的基础上，除污水回用量增加外，还增加了引黄水。

2.4.4　水资源系统概化及模型输入

WEAP 模型模拟水资源系统主要由 14 个要素组成，分别为河流、支流、水库、地下水、其他水源、需求点、集雨盆地、径流/入渗连接、输送连接、回流连接、污水处理厂、过水河流发电、流量要求、流量测站。

根据区内水资源调配的实际状况，将水资源系统中的主要要素，水源以及用户进行了概化，得到研究区水资源系统概化图如图 2-4 所示。

概化的节点网络共有 4 个水库（王屋水库、北邢家水库、迟家沟水库和员外刘家水库）、14 个地下水单元（八里沙河、北马芦头张星、龙口开发区、芦头下丁家、新嘉徐福、苏家店阜山、村里集小门家、兰高七家石良、东江、诸由观、东莱、北沟小门家、莫家和大堡）、37 个需水点（12 个分区的生活和生态需水点、第一产业需水点和第二、第三产业需水点，以及龙口电厂）、4 个污水处理厂（南山、东海、龙口和黄城）、1 条客水水源（引黄水）。用水关系则是根据水资源供给特点进行了概化。

模型的输入包括需水量、入流量和有关参数。其中需水量包括生活和生态需水量、第一产业需水量、第二和第三产业需水量。入流量包括河流来水量、地下水补给量以及引黄水量等。有关参数包括地下水库容、需水点损失率、需求点回流比例、供给优先顺序等。

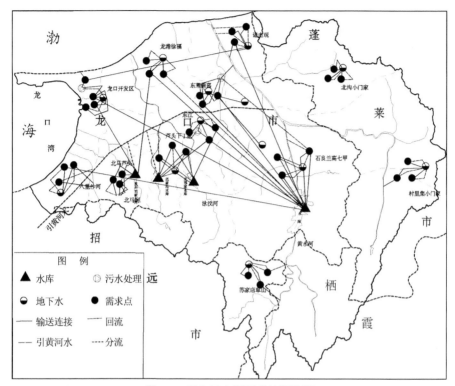

图 2-4 研究区水资源系统概化图

2.4.5 模型定参

为了对研究区水资源优化配置进行准确、可靠的数据分析，需要对模型进行校准。以 2007 年为现状年进行模拟计算，率定了参数。为使模型符合研究区水资源的实际情况，分别对王屋水库、地下水的参数进行了率定。模型校准后，王屋水库出库水量模拟值与实测值对比如图 2-5 所示，误差率为 3.1%；地下水抽取量模拟值与实测值对比如图 2-6 所示，误差率为 5.6%。

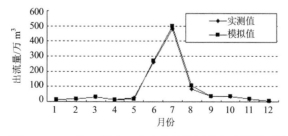

图 2-5 2007 年王屋水库出库水量模拟值与实测值对比

49

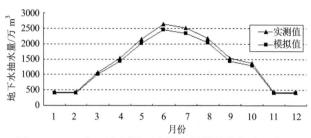

图 2-6　2007 年研究区地下水抽取量模拟值与实测值对比

通过参数率定，求得的模型可用于其他方案的模拟计算。

2.4.6　模拟结果

2.4.6.1　研究区模拟结果分析

各典型年份模拟结果见表 2-9 和表 2-10。

表 2-9　研究区不同保证率不同方案水资源供需平衡状况模拟成果表（2020 年）　单位：万 m³

用水类别	缺水量	2020 年 A			2020 年 B			2020 年 C			2020 年 D		
		50%	75%	95%	50%	75%	95%	50%	75%	95%	50%	75%	95%
生活	需水量	2770	2770	2770	2597	2597	2597	2770	2770	2770	2597	2597	2597
	可供水量	2770	2770	2770	2597	2597	2597	2770	2770	2770	2597	2597	2597
	缺水量	0	0	0	0	0	0	0	0	0	0	0	0
生态	需水量	332	332	332	312	312	312	332	332	332	312	312	312
	可供水量	332	332	332	312	312	312	332	332	332	312	312	312
	缺水量	0	0	0	0	0	0	0	0	0	0	0	0
第一产业	需水量	15027	15868	15868	14364	15205	15205	15027	15868	15868	14364	15205	15205
	可供水量	15027	15868	15765	14364	15205	15205	15027	15757	14681	14364	15205	15205
	缺水量	0	0	103	0	0	0	0	111	1187	0	0	0
第二和第三产业	需水量	6960	6960	6960	6314	6314	6314	7777	7777	7777	7050	7050	7050
	可供水量	6960	6960	6960	6314	6314	6314	7777	7777	7527	7050	7050	7050
	缺水量	0	0	0	0	0	0	0	0	250	0	0	0
合计	需水量	25090	25931	25931	23586	24427	24427	25907	26748	26748	24323	25164	25164
	可供水量	25090	25931	25828	23586	24427	24427	25907	26637	25311	24323	25164	25164
	缺水量	0	0	498	0	0	0	0	111	1437	0	0	0

表 2-10　研究区不同保证率不同方案水资源供需平衡状况模拟成果表（2030 年）　单位：万 m³

用水类别	缺水量	2030 年 A			2030 年 B			2030 年 C			2030 年 D		
		50%	75%	95%	50%	75%	95%	50%	75%	95%	50%	75%	95%
生活	需水量	3298	3298	3298	2954	2954	2954	3298	3298	3298	2954	2954	2954
	可供水量	3298	3298	3298	2954	2954	2954	3298	3298	3298	2954	2954	2954
	缺水量	0	0	0	0	0	0	0	0	0	0	0	0
生态	需水量	528	528	528	473	473	473	528	528	528	473	473	473
	可供水量	528	528	528	473	473	473	528	528	528	473	473	473
	缺水量	0	0	0	0	0	0	0	0	0	0	0	0
第一产业	需水量	13420	14211	14211	12796	13469	13469	13420	14211	14211	12796	13469	13469
	可供水量	13420	13614	13345	12796	13469	13469	13420	12752	11813	12796	13469	13285
	缺水量	0	597	866	0	0		0	1459	2398	0	0	184
第二和第三产业	需水量	9085	9085	9085	7762	7762	7762	11085	11085	11085	9459	9459	9459
	可供水量	9085	9085	9085	7762	7762	7762	11085	10876	10593	9459	9459	9459
	缺水量	0	0	0	0	0	0	0	209	492	0	0	0
合计	需水量	26331	27122	27122	23984	24657	24657	28331	29122	29122	25681	26354	26354
	可供水量	26331	26525	26256	23984	24657	24657	28331	27454	26232	25681	26354	26170
	缺水量	0	597	866	0	0	0	0	1668	2890	0	0	184

2.4.6.2　目标函数结果

（1）社会效益

汇总同一配置方案下各子区各部门供水量、缺水量，分别得到研究区不同规划水平年不同保证率下各方案的供水量、缺水量（见表 2-11、表 2-12）。

表 2-11　研究区不同保证率下各方案的供水量预测　单位：万 m³

水平年	保证率	方案			
		A	B	C	D
2020	50%	25090	23586	25907	24323
	75%	25931	24427	26637	25164
	95%	25828	24427	25311	25164
2030	50%	26331	23984	28331	25681
	75%	26525	24657	27454	26354
	95%	26256	23662	26232	26170

表 2-12　研究区不同保证率下各方案的缺水量预测　　　　单位：万 m³

水平年	保证率	方案			
		A	B	C	D
2020	50%	0	0	0	0
	75%	0	0	−111	0
	95%	−498	0	−1437	0
2030	50%	0	0	0	0
	75%	−597	0	−1668	0
	95%	−866	0	−2890	−184

根据满意度的计算公式分别求得研究区不同规划水平年不同保证率下各方案的社会效益满意度（见表 2-13）。

表 2-13　研究区不同规划水平年不同保证率下各方案的社会效益满意度

水平年	保证率	方案			
		A	B	C	D
2020	50%	1.0000	1.0000	1.0000	1.0000
	75%	1.0000	1.0000	0.9958	1.0000
	95%	0.9960	1.0000	0.9463	1.0000
2030	50%	1.0000	1.0000	1.0000	1.0000
	75%	0.9780	1.0000	0.9427	1.0000
	95%	0.9681	1.0000	0.9008	0.9930

由表 2-12、表 2-13 可知，2020 年 50%保证率下 4 种方案都不缺水，满意度均为 1.0000；75%保证率下，方案 A、B、D 都不缺水，满意度均为 1.0000，方案 C 缺水量为 111 万 m³，缺水率为 0.41%，满意度为 0.9958；95%保证率下，方案 B、C 都不缺水，满意度均为 1.0000，方案 A、C 都出现了不同程度的缺水，缺水量分别为 498 万 m³、1437 万 m³，缺水率分别为 1.92%、5.37%，满意度分别为 0.9960、0.9463。

2030 年 50%保证率下 4 种方案都不缺水，满意度均为 1.0000；75%保证率下，方案 B、D 都不缺水，满意度均为 1.0000，方案 A、C 缺水量分别为 597 万 m³、1668 万 m³，缺水率分别为 2.20%、5.73%，满意度分别为 0.9780、0.9427；95%保证率下，方案 B 不缺水，满意度为 1.0000，方案 A、C、D 都出现了不同程度的缺水，缺水量分别为 866 万 m³、2890 万 m³、184 万 m³，缺水率分别为 3.19%、9.92%、0.70%，满意度分别为 0.9681、0.9008、0.9930。

（2）经济效益

根据经济效益计算公式求得研究区各分区 GDP，汇总同一配置方案下各子区各部门经济效益结果，分别求得不同规划水平年不同保证率下各方案的 GDP（见表 2-14）。

表 2-14　研究区不同规划水平年不同保证率下各方案的 GDP　　　单位：亿元

水平年	保证率	方案			
		A	B	C	D
2020	50%	2053	2053	2305	2305
	75%	2053	2053	2304	2305
	95%	2052	2053	2207	2305
2030	50%	4598	4598	5646	5646
	75%	4588	4598	5516	5646
	95%	4584	4596	5362	5642

2020 年、2030 年 GDP 的期望值分别为 2305 亿元、5646 亿元，根据经济效益满意度计算公式分别求得研究区不同规划水平年不同保证率下各方案的经济效益满意度（见表 2-15）。

表 2-15　研究区不同规划水平年不同保证率下各方案的经济效益满意度

水平年	保证率	方案			
		A	B	C	D
2020	50%	0.8904	0.8904	1.0000	1.0000
	75%	0.8904	0.8904	0.9996	1.0000
	95%	0.8901	0.8904	0.9574	1.0000
2030	50%	0.8144	0.8144	1.0000	1.0000
	75%	0.8126	0.8144	0.9770	1.0000
	95%	0.8118	0.8140	0.9496	0.9993

由表 2-14、表 2-15 可知，2020 年 50%保证率下，方案 A、B 的 GDP 均比 2020 年 GDP 期望值少 252 亿元，满意度均为 0.8904，方案 C、D 的 GDP 与 2020 年 GDP 期望值相同，均为 2305 亿元，满意度均为 1.0000；75%保证率下，方案 A、B、C 的 GDP 分别比 2020 年 GDP 期望值少 252 亿元、252 亿元、1 亿元，满意度分别为 0.8904、0.8904、0.9996，方案 D 的 GDP 与 2020 年 GDP 期望值相同，为 2305 亿元，满意度为 1.0000；95%保证率下，方案 A、B、C 的 GDP 分别比 2020 年 GDP

期望值少 253 亿元、252 亿元、98 亿元，满意度分别为 0.8901、0.8904、0.9574，方案 D 的 GDP 与 2020 年 GDP 期望值相同，为 2305 亿元，满意度为 1.0000。

2030 年 50%保证率下，方案 A、B 的 GDP 均比 2030 年 GDP 期望值少 1048 亿元，满意度均为 0.8144、0.8144，方案 C、D 的 GDP 与 2030 年 GDP 期望值相同，均为 5646 亿元，满意度均为 1.0000；75%保证率下，方案 A、B、C 的 GDP 分别比 2030 年 GDP 期望值少 1148 亿元、1048 亿元、130 亿元，满意度分别为 0.8126、0.8144、0.9770，方案 D 的 GDP 与 2030 年 GDP 期望值相同，为 5646 亿元，满意度为 1.0000；75%保证率下，方案 A、B、C、D 的 GDP 分别比 2030 年 GDP 期望值少 1062 亿元、1048 亿元、284 亿元、4 亿元，满意度分别为 0.8118、0.8140、0.9496、0.9993。

（3）环境效益

汇总同一配置方案下各子区各部门污水排放量结果，分别求得研究区不同规划水平年不同保证率下各方案的污水排放量（见表 2-16）。

表 2-16　研究区不同规划水平年不同保证率下各方案的污水排放量　单位：万 m^3

水平年	保证率	方案			
		A	B	C	D
2020	50%	5550	5121	5977	5510
	75%	5550	5121	5977	5510
	95%	5550	5121	5812	5510
2030	50%	7438	6453	8578	7424
	75%	7438	6453	8440	7424
	95%	7438	6453	8159	7424

预测 2020 年、2030 年污水排放量期望值分别为 5121 万 m^3、6453 万 m^3，根据环境效益满意度计算公式分别得到研究区不同规划水平年不同保证率下各方案的环境效益满意度（见表 2-17）。

表 2-17　研究区不同规划水平年不同保证率下各方案的环境效益满意度

水平年	保证率	方案			
		A	B	C	D
2020	50%	0.9228	1.0000	0.8568	0.9294
	75%	0.9228	1.0000	0.8568	0.9294
	95%	0.9228	1.0000	0.8811	0.9294

续表

水平年	保证率	方案			
		A	B	C	D
2030	50%	0.8676	1.0000	0.7523	0.8693
	75%	0.8676	1.0000	0.7646	0.8693
	95%	0.8676	1.0000	0.7909	0.8693

由表 2-16 和表 2-17 可知，2020 年 50%保证率下，方案 A、B、C、D 的污水排放量分别比 2020 年污水排放量的期望值多 429 万 m³、0 万 m³、856 万 m³、389 万 m³，满意度分别为 0.9228、1.0000、0.8568、0.9294；75%保证率下，方案 A、B、C、D 的污水排放量分别比 2020 年污水排放量的期望值多 429 万 m³、0 万 m³、856 万 m³、389 万 m³，满意度分别为 0.9228、1.0000、0.8568、0.9294；95%保证率下，方案 A、B、C、D 的污水排放量分别比 2020 年污水处理量多 429 万 m³、0 万 m³、691 万 m³、389 万 m³，满意度分别为 0.9228、1.0000、0.8811、0.9294。

2030 年 50%保证率下，方案 A、B、C、D 的污水排放量分别比 2030 年污水排放量的期望值多 985 万 m³、0 万 m³、2125 万 m³、970 万 m³，满意度分别为 0.8676、1.0000、0.7523、0.8693；75%保证率下，方案 A、B、C、D 的污水排放量分别比 2030 年污水处理量多 985 万 m³、0 万 m³、1987 万 m³、970 万 m³，满意度分别为 0.8676、1.0000、0.7646、0.8693；95%保证率下，方案 A、B、C、D 的污水排放量分别比 2030 年污水排放量的期望值多 985 万 m³、0 万 m³、1706 万 m³、970 万 m³，满意度分别为 0.8676、1.0000、0.7909、0.8693。

2.4.6.3 方案评价

多目标决策的优点在于它可以同时考虑多个目标，避免为实现某单一目标而忽略其他目标，但是，由于多目标决策设计决策者偏好问题，不同的利益团体追求不同的目标效果，往往还是相差甚大，因而难以得到一个单一的绝对的最优解。因此，分两种情况对各方案进行比较。

（1）权重确定

层次分析法（AHP）是由美国著名运筹学家 Saaty 教授于 20 世纪 70 年代中期创立的，常规的层次分析法也存在一些问题：该方法采用 1～9 标度法构建判断矩阵，而大多数指标体系既含有定性指标，又含有定量指标，当判断因素较多时，标度工作量太大，专家对其内在逻辑关系的比较难以把握，判断矩阵易出现严重的不一致现象；若不符合一致性的要求，一般凭大致的估计来调整判断矩阵，具有盲目性。三标度层次分析法避免采用九标度法构造判断矩阵，不仅降低了判断难度，使专家易于接受和操作，而且可以保证易于得到具有足够一致性的判断矩阵。

三标度层次分析法的基本步骤如下。

1）利用三标度法建立比较矩阵 $D=(d_{ij})_{n\times m}$。将评价指标两两比较，记 D_i 和 D_j 的相对重要性为 d_{ij}：

$$d_{ij}=\begin{cases}2, & i\text{元素比}j\text{元素重要}\\1, & i\text{元素和}j\text{元素同样重要}\\0, & i\text{元素没有}j\text{元素重要}\end{cases} \tag{2-31}$$

2）计算重要性排序指数 r_i：

$$r_i=\sum_{j=1}^{n}d_{ij}\ , i=1,2,\cdots,n \tag{2-32}$$

3）构造 $A=(a_{ij})_{n\times m}$：

$$a_{ij}=\begin{cases}\dfrac{r_i-r_j}{r_{\max}-r_{\min}}(b_m-1)+1, & r_i\geqslant r_j\\[3mm]\left[\dfrac{r_i-r_j}{r_{\min}-r_{\max}}(b_m-1)+1\right]^{-1}, & r_i<r_j\end{cases} \tag{2-33}$$

其中，$r_{\max}=\max\{r_i\}$，$r_{\min}=\min\{r_i\}$，$i=1$，2，$\cdots$，n；找出 $r_{\max}$ 和 $r_{\min}$ 所对应的 2 个基点比较要素，参照三标度判断值得到基点比较标度 b_m。

4）构造拟优传递矩阵。间接的判断矩阵 A 不一定满足思维判断的一致性，需要进行一致性检验。如果不能满足要求，必须重新调整其中元素的标度值，计算量大且带有一定的盲目性。因此，利用拟优传递矩阵的概念进行改进，对矩阵 A 进行变换，得到一个自然满足一致性要求的判断矩阵，直接求出权重值。

判断矩阵 $A=(a_{ij})_{n\times m}$ 是互反矩阵，求解与 A 对应的反对称矩阵 $E=\lg A'$，构造矩阵 $A^*=\left[10^{c_{ij}}\right]$，其中 $c_{ij}=\dfrac{1}{n}\sum_{k=1}^{n}(e_{ik}-e_{jk})$，则矩阵 A^* 是 A 的拟优传递矩阵，且 A^* 是一致的。

5）计算权重。计算矩阵 A^* 的最大特征值 $\lambda_{\max}$ 及其对应的特征向量 $\omega=(\omega_1,\ \omega_2,\ \cdots,\ \omega_n)$，对 ω 进行归一化处理后，即为对应元素的权重值。

各个目标的权重为

$$\omega_i^*=\frac{\omega_i}{\sum\limits_{i=1}^{n}\omega_i}\ , i=1,2,\cdots,n \tag{2-34}$$

（2）权重计算结果

利用三标度法确定评价指标的准则层权重。

第一种情况下：建立 A 关于 B_1、B_2、B_3 的直接比较矩阵：

$$D = \begin{bmatrix} 1 & 0 & 0 \\ 2 & 1 & 2 \\ 2 & 0 & 1 \end{bmatrix}$$

计算比较矩阵的行要素之和的最大、最小值分别为 $r_{max} = 5$、$r_{min} = 1$，取 $b_m = 3$。

则间接判断矩阵为

$$A = \begin{bmatrix} 1.0000 & 3.0000 & 2.0000 \\ 0.3333 & 1.0000 & 0.5000 \\ 0.5000 & 2.0000 & 1.0000 \end{bmatrix}$$

拟优传递矩阵为

$$A^* = \begin{bmatrix} 1.000 & 0.3029 & 0.5503 \\ 3.3019 & 1.0000 & 1.8171 \\ 1.8171 & 0.5503 & 1.0000 \end{bmatrix}$$

计算矩阵 A^* 的最大特征值 λ_{max} 及其对应的特征向量，对 ω 进行归一化处理后，即为对应元素的权重值。

$$\lambda_{max} = 3$$
$$\omega_i^* = (0.1634，0.5396，0.2970)$$

求得社会效益、经济效益、环境效益的权重分别为 0.1634、0.5396、0.2970。

第二种情况，同理求得社会效益、经济效益、环境效益的权重分别为 0.1634、0.2970、0.5396。

（3）总体满意度

根据总体满意度的计算公式，分别求得不同规划水平年不同保证率下各方案的总体满意度（见表 2-18、表 2-19）。

表 2-18　第一种情况下研究区不同规划水平年不同保证率下各方案的总体满意度

水平年	保证率	方案			
		A	B	C	D
2020	50%	0.7545	0.7775	0.7941	0.8156
	75%	0.7545	0.7775	0.7945	0.8156
	95%	0.7550	0.7775	0.7871	0.8156
2030	50%	0.6971	0.7364	0.7630	0.7978
	75%	0.6997	0.7364	0.7636	0.7978
	95%	0.7009	0.7364	0.7635	0.7985

表2-19　第二情况下研究区不同规划水平年不同保证率下各方案的总体满意度

水平年	保证率	方案			
		A	B	C	D
2020	50%	0.7624	0.8041	0.7593	0.7985
	75%	0.7624	0.8041	0.7599	0.7985
	95%	0.7629	0.8041	0.7686	0.7985
2030	50%	0.7100	0.7815	0.7029	0.7661
	75%	0.7131	0.7815	0.7121	0.7661
	95%	0.7145	0.7815	0.7250	0.7670

（4）推荐方案

综合考虑研究区经济发展和节水水平情况，在第一种情况下，即GDP高增长和强化节水方案的综合效益最优；在第二种情况下，GDP低增长和强化节水方案下综合效益最优。

2.4.7　特殊干旱年的应急对策

按推荐方案配置后，也不能保证大旱年缺水情况不会发生。因此正确对待特大干旱年份和做好特大干旱年份的对策，对减轻灾害造成的损失、保障经济社会稳定是很重要的，也是很有必要的。

（1）预防性措施

1）干旱的监测和预报。建立和完善干旱的监测和预报系统，及时掌握水资源供需状况，提高预测干旱灾害的能力。

2）战略性资源储备。将各地的地下水资源作为后备水源，特枯年份作为供水水源。

（2）工作目标

1）确保干旱发生时社会安定，用水秩序稳定。

2）保城乡人民用水安全，以及重要工业企业正常供水。

3）通过开源节流，科学调度，努力使干旱造成的损失降低限度。

（3）指挥组织系统

1）抗旱救灾工作实行各级人民政府首长负责制，实行统一指挥，分级分部门负责，各级防汛防旱指挥部负责各地抗旱救灾工作。

2）指挥部下设机构。一般旱情和较大旱情的防旱抗旱工作，由各级防汛旱情指挥部具体负责实施，当各地出现重大或特大旱情时，抗旱减灾工作自然提升为全社会的中心工作。根据抗旱救灾工作的要求，各级防汛防旱指挥部对口增设综合处、宣传处、调度处。

（4）应急对策措施

当本地出现重、特大旱情时，即上游水库几乎无水可供时，以及主干道几乎断流情况下，由于黄水河是研究区的经济文化中心，此时黄水河流域的缺水将更加严重，可采取以下几方面措施：

1）关闭一般性企业用水，对重点企业实行供水限制。

2）对城乡居民用水实行限额或减压供水。

3）采用梯级水价，保证"正常供水"，通过超额加价的办法来限制用水。

4）启用原先停用的地下水，即浅表水井和深井等。

5）有计划地遣返、疏散停产企业的外来人员及闲散的外来人员。

6）实施人工降雨，当气象要素具备时实施人工降雨。

7）将大堡和莫家水源地作为城区生活用水的应急备用水源，必要时采用运输工具拉水、临时管道输水等方法，解决居民生活与重要部门用水。

（5）调度方案

1）用水按以下顺序优先予以保证，任何单位、部门或个人不得擅自变更用水秩序。

城乡居民生活用水→重点企业用水和农业生产用水→低耗水型企业用水和其他非污染企业用水

2）用水优先秩序解释。当发生较大旱情时，为防止河道水质污染加重，对于污染型企业，不管企业用水来自河道或水库供水，一律强制性关闭。以保证城乡居民生活用水，重点企业用水和农业生产用水，低耗水型企业用水和其他非污染型企业用水。

当发生特大旱情时，不管企业取水途径，除低耗水重点企业外，其他企业用水一律关闭，以保证城乡居民用水，最大限度保证农业生产用水。

3）调度方式。调度方式实行分段负责，集中控制。抗旱非常时期，上游水库及出海涵闸的调节由上级市防办直接调控。小（1）型及以下水库以及区域内抗旱调度由市防办负责。

4）水量调配。大中型水库补给调度由上级市防办统一协调；当发生重、特大旱情时，大中型水库的供水需要依据市防汛防旱指挥部拟定的比例供水；为研究区解决局部地区水资源紧缺的问题，需要兴建一批水利工程，以满足研究区经济社会日益增长的用水需求，缓解供需矛盾。

为了解决流域的缺水问题，研究提出实施以下一些水利工程建设的措施：

1）加强水系联网工程建设，将王屋水库、北邢家水库、迟家沟水库、员外刘水库、安家水库、苏家沟水库有机地联系起来，实现水库串联及联合供水，增加汛期雨洪水拦蓄量，提高综合供水保证率。

　　2）城市污水未经处理排放入河道，既浪费了资源，又污染了环境。因此应以工业企业和城市污水处理厂建设为重点，使污水排放达到环境允许的排放标准或污水灌溉的标准，使污水资源化，既可增加水源解决农业缺水问题，又可起到治理污染的作用。虽然污水处理费用较高，但为防止污染，改善环境还是必须的。通过兴建示范工程，实施居民小区生活污水处理回用，将城市污水处理回用于工农业生产与污染治理有机地结合起来，对于解决滨海地区水资源的短缺和水环境的改善有特别重要的意义。

　　3）山东省滨海地区经济发展较快，水资源供需矛盾日趋严重。在滨海地区，在满足工业冷却用水的高消耗方面，海水利用具有很大的现实意义。目前，在解决海水利用的水管腐蚀问题上，其技术已经相当成熟了。积极兴建海水直接和间接利用工程，替代淡水资源，可在一定程度上缓解滨海地区水资源供需矛盾。

　　4）推行节水措施。减少取水过程中的损失、消耗和污染，杜绝浪费，提高水的利用率；生活节水的重点主要放在推广节水器具和减少跑、冒、滴、漏方面。提高水资源的利用效率。提高灌溉水的利用效率，修建防渗渠道，发展喷、滴灌和管道灌溉以及推广薄露灌溉等节水工程，提高渠系利用系数。调整产业结构，限制高耗水产业进入研究区内，限制高耗水企业的发展包括火电工业；提高工业用水重复利用率。

第 3 章　海水入侵数值模拟及预测

　　海水入侵是滨海地区自然环境及人类社会经济活动诸因素作用下引发的一种自然灾害。海水入侵在降水量少、蒸发量大、地下淡水亏损多的沿海地区，主要表现为海水（或古咸水）沿地下水通道向内陆的入侵。海、咸水的地下入侵具有危害性大、隐蔽性强、动态变化多、治理难的特点，比海水沿地面入侵的方式对人类的影响大。因此对防治海水入侵的措施，例如地下坝等的防治效果进行数值模拟和预测，提出有针对性的对策措施具有重要的意义。

3.1　国内外海水入侵研究现状

3.1.1　国外海水入侵研究进展

3.1.1.1　海水入侵的研究阶段

　　由于海水入侵是许多滨海地区的共同问题，世界上人们从很早就开始注意和研究这种现象。纵观人类 100 多年来在海水入侵方面的研究历程，大体上可分为三个历史阶段，即静力学研究阶段、渗流动力学阶段和渗流—弥散动力学阶段。

　　（1）静力学研究阶段

　　世界上最早提及海水入侵的是 Braithwaite，他于 1855 年对伦敦和利物浦地区抽水引起的咸化现象作了报导。而咸淡水平衡流体静力学关系定量公式的发展，则应首先归功于法国教师 Joseph Ducommun 于 1828 年所做的先驱性工作。100 多年前，荷兰学者 Badon-Gyben（1889）和德国学者 Herzberg（1901）正式从静力学角度分别独立提出计算咸淡水界面的方法，即著名的 Gyben-Herzberg 公式，这成为海水入侵静力学研究阶段的标志。

　　（2）渗流动力学阶段

　　在 Gyben-Herzberg 公式提出后的若干年里，很多学者对该公式进行了完善或提出不同看法，并开始考虑淡水向大海的渗流以及入海排泄问题。至 20 世纪中期，有学者应用反映能量守恒和转化的达西定律以及质量守恒的水流连续原理方程，得到含水层单宽排泄量与海水入侵宽度的关系，这标志着海水入侵的研究进入渗流动力学阶段。

（3）渗流－弥散动力学阶段

实际上，海水入侵过程中渗流速度的不均一、咸淡水浓度以及密度差异等因素引起的弥散、扩散等效应以及潮汐的影响，应用可混溶流体的对流弥散方程比应用不可溶流体的锋面表达式更加有效。早期的研究者如 Glover（1959）、Cooper（1964）、Henry（1964）等分析研究了荷兰、以色列、美国等地的咸淡水过渡带的海水入侵运移情况，提出咸淡水的抛物线界面形态，此后，许多解析和数值模型得到应用和发展。Pinder（1970）首次提出过渡带的数值模型，标志着海水入侵的研究发展到渗流－弥散动力学阶段。这之后，出现了大量的数学模型和数值计算方法。

3.1.1.2　海水入侵的数学模型

海水入侵过程主要包括渗流、机械弥散和分子扩散以及吸附等过程，与此相对应的也有多种数学模型来反映这些过程。Reilly 和 Goodman（1985）、Custodio（1987）、Strack（1989）以及 Maidment（1993）等较为详细地论述了咸淡水运移的数学模型。海水入侵的模型，按照空间尺度可分为一维、二维和三维模型，按照咸淡水的流态可分为稳定流和非稳定流模型，而在研究过程中较为有意义的是根据咸淡水的混合和运移特性划分的突变界面模型和过渡带模型。

（1）突变界面模型

该模型基于这样一个假设，即忽略了咸淡水间的流体动力弥散作用，把海水和淡水看作是互不混溶的两种流体，咸淡水处于静力平衡，它们之间存在一个突变的界面。著名的 Ghyben-Herzberg 法则便是根据突变界面假设，从静力学角度给出了咸淡水界面的计算公式。这个公式（Glover，1959）在具有较大垂向流速的区域表现的精度较差，也不能处理含水层的非均质各向异性。一些学者如 Glover（1959）、Bear 和 Dagan（1964）等应用解析方法来解决突变界面问题，但多数的解析解忽略了咸水体的动力特性。Shamir 和 Dagan（1971）利用垂向整合（vertical integration）建立了一维模型，Bonnet 和 Sauty（1975）发展成二维模型，模型结果近似于使用有限差分技术，Pinder 和 Page（1977）应用有限元法解决了同样的方程，计算了纽约长岛附近含水层中的海水入侵问题。Merce（1980）用有限差分方法对夏威夷－滨海含水层咸淡水界面移动进行了研究。Wilson 和 Sa Da Costa（1982）用固定有限元网格建立了非直接趾脚跟踪的一维模型，Sakr（1992）用三角形单元发展成二维模型。Essaid（1990）首次提出一种准三维分块中心有限差分模型，进行了美国加利福尼亚 SoquelAptos 盆地的海水入侵问题研究。Huyakorn（1996）以流体势为自变量，建立了滨海多层含水系统准三维多相突变界面模型。Sakr（1998）分析了承压含水层突变界面模型的有效性。

事实上，淡水和海水是可混溶的液体，突变界面模型的受限性表现在咸淡水过渡带较宽和咸淡水非静力平衡等两个方面。因此，实际应用中，突变界面模型适用于过渡带很窄的情况下，如滨海沙丘地区和珊瑚岛上有淡水透镜体存在的区域，同时也可用于大范围内的滨海地带海水入侵的研究。

（2）过渡带模型

当咸淡水之间的水动力弥散相对重要，形成较宽的咸淡水过渡带时，突变界面模型就不再适用。均质流体过渡带模型中淡水与海水是可混溶的，但该类模型将咸淡水看作是均质流体，从而忽略了流体浓度变化对水流速度的影响。Henry（1964）立足于可混溶液体，首次求取了一个与海岸线正交的垂直断面上盐分浓度的解析解。Henry模型已成为过渡带模型数值试验的基准。Pinder（1970）将Henry模型转化为非稳定流问题，用特征法求得盐水运移的第一个数值解，而后又相继建立了有限元模型，验证了Henry模型。Segol（1975）应用Galerkin有限元方法建立了剖面二维有限元模型，计算海水入侵的前锋位置，并模拟了非稳定流条件下佛罗里达南部一个海岸垂直剖面上的海水入侵。Heinrich和Huyakorn（1977）提出用迎风有限元方法求解对流的海水入侵问题。Frind（1982）导出向海底延伸的越流含水层中海水入侵的剖面二维有限元解，并提出了求解大时间步长的有效数值格式。

变密度过渡带模型考虑密度对水头、流速和浓度的影响。Voss（1984、1988）建立了饱和—非饱和变密度地下水流有限元模型，开发了SUTRA软件，并模拟了包含窄咸淡水过渡带的变密度水流和溶质迁移模型。Huyakorn等（1987）提出了与密度相依赖的地下水流方程和运移方程，建立了海水入侵过渡带的三维有限元模型。Galeati和Gambolat（1992）建立了考虑变密度的无压含水层盐淡水过渡带模型，采用具隐式欧拉—拉格朗日方法求解盐淡水耦合模型，研究了意大利南部垂直剖面上的海水入侵。

对于模型构建后的求解问题，G.H.P. Oude Essink和R.H. Boekelman总结了处理地下水流方程和溶质输移方程的技术方法，主要有模拟方法（Analogue method）、解析法（Analytical method）、有限差分方法（Finite different method）、有限元方法（Finite element method）以及采用质点追踪技术（Particle tracking）的特征法（Method of characteristics）和随机步行法（Random walk method）等。这些方法均是基于有限元和有限差分技术，但是特征法和随机步行法往往在解决数值弥散时较为有效。结合数值解法，开发了一系列应用软件，如Voss（1984）的SUTRA模型软件、Kipp（1987）的HST3D模型软件、Jocob（1993）的VTT模型软件、Molson和Frind（1994）的SALTFLOW模型软件等。近年来，应用广泛的大型软件有Modflow、SPRING、FeFlow等。这些软件较为成熟，也涵盖了上述多种数值解法。

在海水入侵的模型研究中，像 Henry 问题、Huyakorn 问题、Salt Dome 问题以及 Elder 问题等许多典型问题，已经成为学习了解和进行具体数学模型工作的经典个例。而数学模型的发展，大大促进了海水入侵单一或复杂问题模拟技术的进步，并广泛应用于防治对策的确定、工程后效评价、效益分析等方面，在此基础上，海水入侵宏观发展趋势预测技术也得到了提升。可以说，数学模型研究是海水入侵理论和实践应用的排头兵，已成为海水入侵研究必不可缺少的重要手段，大大带动了海水入侵研究的发展。

虽然世界范围内对海水入侵数学模型的研究已比较成熟了，但是对吸附和降解过程的考虑，在多组分模拟、大尺度模拟参数选择、临海边界处理、数值弥散的避免等方面还存在很多问题需要解决。

3.1.1.3　其他方面海水入侵的研究

在海水入侵研究方面有代表性的书籍主要有 Bear（1972、1976）的《多孔介质流体动力学》和《地下水水力学》，Custodio（1987）的《海岸地区的地下水问题》，以及由 Bear 等（1998）主编的《海水入侵滨海含水层——概念、方法和实践》。其他学者从多孔介质溶质迁移研究方面也出版了大量论著。

海水入侵研究的国际交流也很广泛，自 1968 年在德国 Hanover 召开第一界海水入侵会议以来，迄今已是第 21 届（21–25 June 2010, Azores, Portugal），近年来讨论的议题已从原先简单的咸淡水界面描述，发展到包括海水入侵的基本理论、模型、水文地球化学和环境同位素、调查监测技术方法、防治和减缓对策、生态影响、全球气候和海面变化影响以及区域个例研究等各个层面。近年来，特别是海水入侵的监测（Monitoring）、模型（Modeling）和管理（Management）等"3M"的研究越来越受到各国的普遍重视。可以说，世界范围内对海水入侵的研究一直在持续发展中。

3.1.2　国内海水入侵研究概况

国内从 20 世纪 80 年代初才开始海水入侵的研究工作，其中数学模型的研究一直走在前面。范家爵（1988）建立了忽略密度影响的二维模型，用不规则网格差分格式对大连大魏家的水源地进行模拟；清华大学的吕贤弼进行了海水入侵咸淡水界面二维数值模型方面的研究；南京大学的薛禹群等（1991）建立了研究海水入侵咸淡水界面运移规律的三维数值模型，模拟了山东龙口海岸含水层中的海水入侵过程；此后，中国地质大学的艾康洪（1994）、陈崇希（1995、1996）、李国敏（1995）、陈鸿汉（2000）、成建梅（2001）等也分别在广西、山东潍河、夹河等地作了海水入侵的数值模拟工作。山东省水利科学研究院的刘青勇等（2000）进行了室内的二维模型试验，山东大学的袁益让等（2001）同样在龙口地区，利用改进的迎风加权算法进行了三维数值模拟，并初步预测了防治工程的后效问题。在海水入侵研究中，一些学者还考虑了滨海含水层向海延伸和潮汐效应问题。

海水入侵与海岸地貌和沉积环境间关系的研究成果主要有庄振业（1996）、李道高（1996）、韩美（1996）、张永祥（1996）、孟广兰（1997）等；沿岸地下水动态变化与海水入侵发展程度的研究成果有郑新奇（1997）、庄振业等（1999）、刘东雁（1999）等；海水入侵地下水中的水化学与水文地球化学方面的研究成果有吴吉春（1996）、周训（1997）、姜爱霞（1997）、赵健（1998）、邱汉学（1999）、李福林（1999）等；海水入侵的动态监测成果有韩延树（1993）、张保祥（1997）、李福林（1998）等。海水入侵的同位素示踪弥散试验和同位素研究有陈建生（1987）、潘曙兰（1997）等。李道高（2000）、聂小红（2001）研究了滨海古河道与海水入侵关系。

此外，还有大量的区域个例研究，地区集中在莱州湾沿岸、山东半岛沿海及岛屿、河北秦皇岛地区、辽宁大连地区和广西的海岛区域等，不一一列举。

值得一提的是，赵德三领导的国家"八五"攻关项目组从 1989—1996 年较为全面地从海水入侵的成因、发展规律、生态影响、防治工程试验、微咸水利用、沿海地区水资源优化调度等多方面进行多学科研究，其成果除上面所提的部分文章外，集中体现在《山东沿海区域灾害研究》（赵德三）、《莱州市滨海区域海水入侵研究》（尹泽生）、《海水入侵灾害防治研究》（赵德三）、《咸水入侵综合防治寿光示范区建设研究》（赵德三）等四本书中。山东省水利科学研究院的李道真等首先在山东龙口的八里沙河进行地下水库建造防治海水入侵试验，此后在龙口黄水河设计了国内第一座地下水库。目前，青岛市的大沽河和白沙河、烟台市夹河、莱州市的王河等滨海地区均建有或在建不同规模的地下防渗墙来防治海水入侵。

综上所述，国内海水入侵研究涉及了多个方面，特别是在沉积环境和防治工程研究方面取得了较大的成绩。但与世界范围内的研究一样，国内在数学模型理论、动态监测预测和含水层管理（3M）等方面还有很多问题需要解决。

3.2 研究区海水入侵状况

龙口市海水入侵始于 20 世纪 70 年代，80 年代期间发展迅速，目前已成为分布范围广、影响大的地质灾害。龙口市海水入侵在 2000 年之前大致经历了两个时期：1975—1980 年为发生期，海水入侵以点状分布为主，入侵距离较短；1981 年至 2000 年为发展期，受各种因素的影响，海水入侵在规模和程度上发展较快，并逐渐形成区域海水入侵区，1977—1999 年海水入侵发展演化如图 3-1 所示。

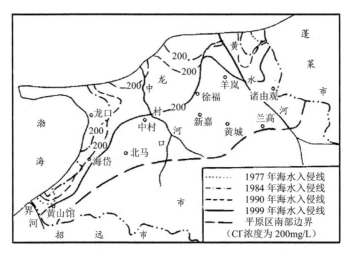

图 3-1　龙口市滨海平原区 1977—1999 年海水入侵发展演化图

不同年份同一时间（6 月）监测资料表明，不同时段海水入侵范围和强度有所差别，见表 3-1。这与当时的降水条件、开采状况等密切相关。从 Cl^- 浓度 200mg/L 等值线圈定的海水入侵范围来看，自 1975 年至 1998 年，本区海水入侵面积从无扩展到 105.0km²，入侵速率为入侵区 Cl^- 含量最高值由 0.2g/L 递增到 17.2g/L，可见海水入侵发展很快。最大入侵距离 5.9km。

表 3-1　龙口市 1975—1998 年不同时段海水入侵情况

时段	入侵面积/km²		入侵速率 /(km²/a)	最大入侵距离 /km
	范围	递增值		
1975—1984 年	0～64.5	64.5	7.17	3.1
1984—1988 年	64.5～78.4	13.9	3.48	4.6
1988—1993 年	78.4～96.4	18.0	3.60	5.3
1993—1998 年	96.4～105.0	8.6	1.72	5.9

2000 年之后的发展演化趋势如图 3-2～图 3-4 所示。

由图 3-2～图 3-4 可见，龙口市滨海平原区海水入侵区的范围在西部变化不大，而在北部扩展较为明显。龙口市滨海平原区北部 Cl^- 浓度 250mg/L 等值线在 2000 年较靠近海岸线，而随时间推移，这一等值线向内陆推移，说明海水入侵向内陆扩展，其中以 2001—2003 年间扩展最为明显。而该区域以东，由于地下坝的修建阻隔了地下水向内陆方向的流动，使这一区域海水入侵向南扩展的趋势得以遏制。

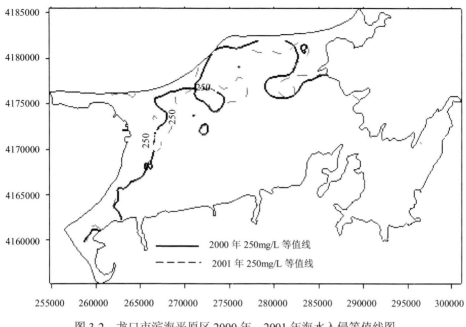

图 3-2　龙口市滨海平原区 2000 年、2001 年海水入侵等值线图

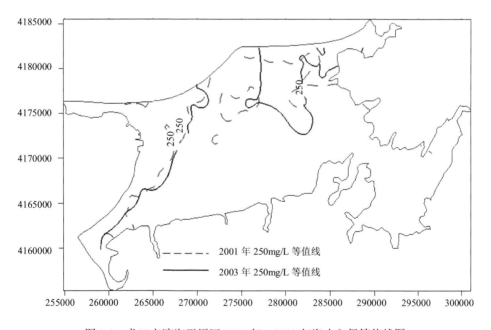

图 3-3　龙口市滨海平原区 2001 年、2003 年海水入侵等值线图

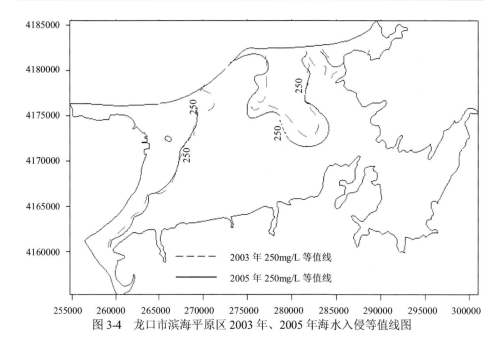

图 3-4 龙口市滨海平原区 2003 年、2005 年海水入侵等值线图

3.3 海水入侵数值模拟

3.3.1 地下水水位动态分析

龙口市地下水监测井位置图 3-5 所示。

根据龙口市长观井的地下水位观测数据,画出地下水等值线图,分析研究区地下水流场在自然与人类影响等因素下的动态变化规律,进一步了解地下水的采补关系,为水源地的选择提供依据。

其中 1998 年 4 月 26 日、1998 年 10 月 1 日、2002 年 4 月 26 日、2002 年 10 月 1 日、2008 年 4 月 26 日地下水等值线图以及年际地下水位变化情况如图 3-6 所示。

由 1998 年地下水位等值线图看出,地下水库基本处于采补平衡状态,没有产生地下水漏斗,在经历了年内的丰水季节后,10 月 1 日的地下水位较 4 月 24 日得到明显的回升。1998—2002 年随着开采量增大,加上降水量相对偏枯,因此从 2002 年地下水位等值线看出地下水库库区内已经形成了一定范围的 0m 等值线地下水漏斗区,说明地下水开采量明显地高于补给量。由 2008 年 4 月 26 日地下水位等值线图看出,近几年的库区地下水位得到了明显的回升,0m 等值线漏斗已经消失。具体变化动态见 1998—2008 年地下水位变化图。

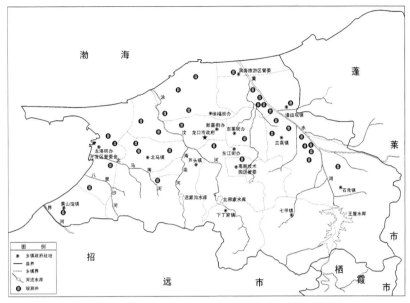

图 3-5 龙口市地下水监测井分布图

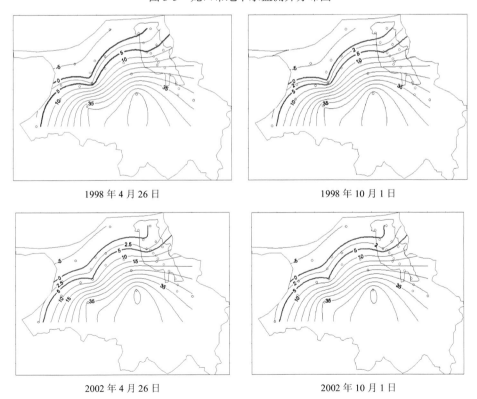

1998 年 4 月 26 日   1998 年 10 月 1 日

2002 年 4 月 26 日   2002 年 10 月 1 日

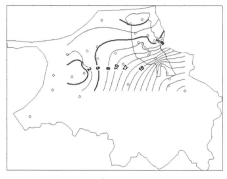
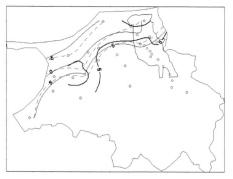

2008 年 4 月 26 日　　　　　　　　　　1998—2008 年地下水位变化图

图 3-6　各年份地下水水位等值线图

通过地下水动态分析可以看出，在时间上本区地下水动态变化主要受大气降水、人工开采及工程调控的影响，枯季地下水位下降，雨季地下水位上升；连续枯水年地下水位持续下降，丰水年或连续丰水年地下水位大幅度回升。说明该库区补给条件优越、储水条件良好，在开采条件下，枯水期被疏干的部分含水层，在以后的丰水期能够得到有效的补偿，水位重新回升到常年水平。在现状条件下，合理的增加开采量，只会在短期内局部增大地下水下降的幅度，而不会导致地下水位持续下降。

3.3.2　水文地质概化模型

一般来说，模型假设应当符合两项原则，即现实性和易处理性，前者要求假设必须符合原型的本质特征，后者意味着影响不大的细节可以舍弃（即概化思想）。因此，需要对研究区的水文地质单元进行一定的概化。

（1）研究区确定

研究区为项目区的平原部分，为相对完整的水文地质单元，边界条件比较明确，研究区面积 500km^2。

（2）含水层概化

根据资料统计，研究区第四系总厚度在 13～36.7m。含水层上部为中细砂，下部为含砾、卵石的粗砂，中间夹一层或二至三层厚度不等的亚黏土、淤泥质亚黏土透镜体或夹层。隔水板为第三系黄县组泥质粉砂岩、泥岩。黄水河流域地质构造剖面图如图 3-7 所示。

根据地质剖面图，本次将研究区水文地质条件概化为 3 层：Ⅰ层为潜水含水层，Ⅱ层为弱透水层，Ⅲ层为承压含水层，基底为基岩不透水层。

（3）边界条件处理

模拟区北边界为海边界，定义为第一类边界条件水头边界，参照多年平均海平面定义水头边界值 Head=0m；由于模拟区为独立的水文地质单元，东、西、南部边界均为隔水边界，定义为零流量边界，即 flux=0m/s。计算区域包括黄水河等河流定义为第三类边界——条件转换边界，可以通过转化率的定义描述河流与地下水之间的交换关系。生活和工业水源地用第四类边界——well 井边界处理。边界条件示意如图 3-8 所示。

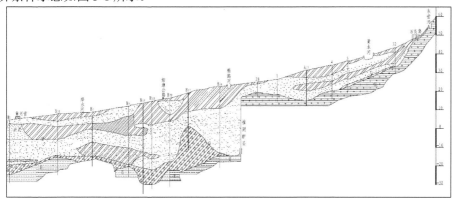

图 3-7　黄水河流域地质剖面图

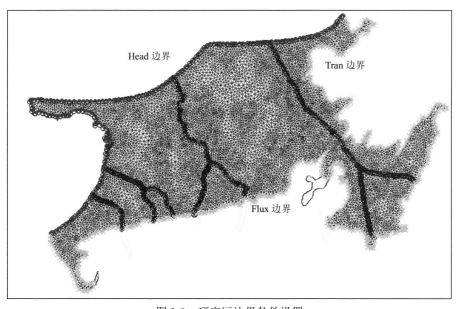

图 3-8　研究区边界条件设置

3.3.3　模型建立

本节采用有限元地下水流和溶质运移模拟系统 FEFLOW 软件进行。

（1）网格剖分

首先调入研究区的底图和相关图形，数字化处理成超级单元，区内的重要区域边线和点，如海岸线、水文地质单元线、降水入渗补给分区线、开采井点等，也作数字化处理。采用任意三面体剖分生成网格单元。以这些边、线、点为控制，避开了剖分单元的横跨，同时也可以适当加密剖分网格单元。用三角单元进行离散后，平面结点数 44840 个，三角剖分单元数 59808 个，如图 3-9 所示。

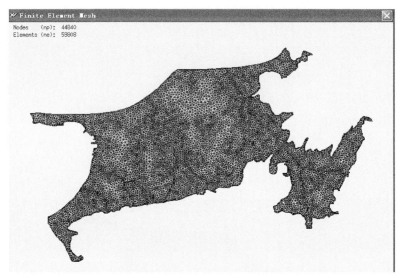

图 3-9　模拟区超级单元和有限元三角网格剖分图

（2）模拟参数及分区

根据模拟范围内各地块渗透系数、储水度及弥散系数情况以及降水入渗系数和灌溉回归系数的差异，进行模拟分区。其中，渗透系数、储水度及弥散系数共分成 27 个分区，降水入渗系数和灌溉回归系数共分成 10 个分区，如图 3-10 所示。

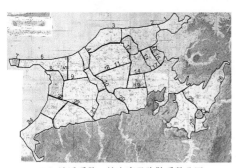

（a）渗透系数、储水度及弥散系数分区　　　（b）降水入渗系数和灌溉回归系数分区

图 3-10　模拟区参数分区图

模型中源汇项主要包括降水和开采。由于模型边界为相对独立的水文地质单元，模型中的源项主要为大气降水和灌溉回归水，上游断面的测渗补给量较小。汇项主要为模型开采量，根据工业开采和农业开采各自的特点，确定不同汇项的处理方式。工业开采量相对稳定，并且水源地具有比较明确的位置，因此，可采取 well 井边界的形式处理，工业抽水井概化后位置具体坐标及抽水量见表 3-2；农业抽水井分布零散，并且取水的时间、水量不一，规律性较差，因此，农业地下水开采可作为面源处理，与灌溉回归用水、降雨叠加后，利用模型中的 In(+)/Out(-) flow on top 进行概化，典型区域坐标及概化如图 3-11 所示。

表 3-2　工业井位置及开采量一览表

概化井		
ID	位置	抽水量/(万 m³/a)
1	280928.05	4181838.54	201.60
2	280572.45	4180041.21	10.70
3	284246.37	4178444.78	5.60
4	281691.05	4176685.24	3.96
5	277817.48	4175013.90	0.12
6	278116.59	4172440.34	2.20
7	277243.20	4169178.00	9.78
8	281523.96	4171690.54	1105.80
9	286916.44	4175207.63	29.89
10	284800.11	4171997.66	0.60
11	280521.22	4168865.23	3.74
12	283053.17	4167080.71	0.30
13	286491.40	4170876.60	8.78
14	293827.23	4168545.23	5.50
15	295060.74	4165907.26	0.55
16	294265.23	4162475.60	18.61
17	273613.91	4176468.31	5.00
18	273724.61	4174645.40	20.34
19	273236.82	4172035.99	4.46
20	273914.55	4168541.90	13.89

续表

概化井		
ID	位置	抽水量/(万 m³/a)
21	275809.05 4167121.35	4.50
22	274097.63 4165232.04	1.20
23	279786.69 4166663.70	1000.72
24	270103.97 4174982.45	10.36
25	268914.35 4171485.22	4.61
26	271937.39 4167656.33	0.30
27	270771.96 4164759.39	3.30
28	269097.27 4167383.06	37.60
29	265043.56 4168044.52	1.19
30	266354.69 4175059.30	87.00
31	264016.10 4175092.49	500.00
32	261709.75 4163161.33	10.80

（3）确定问题类型和求解方法

根据模拟区特点，研究模拟问题为饱和介质非承压含水层类型。具体求解时，利用非稳定流—瞬变溶质运移三维模型，采用 Galerkin 有限元法及 Upwind 法进行模拟。

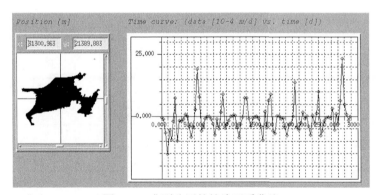

图 3-11　典型分区的补给开采曲线

（4）初始条件赋值

初始水流利用观测数据，其流场分布情况如图 3-12 所示。

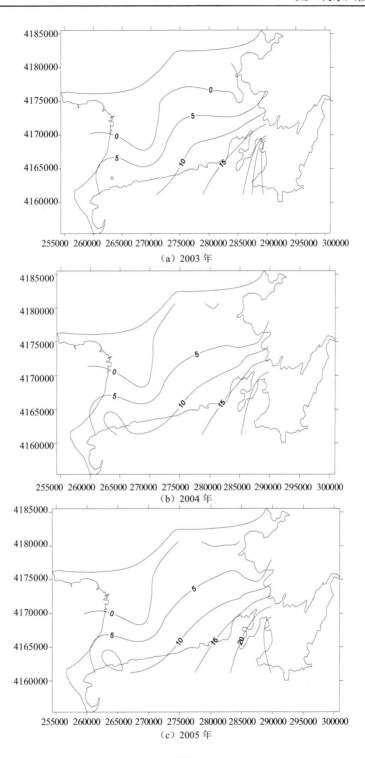

（a）2003 年

（b）2004 年

（c）2005 年

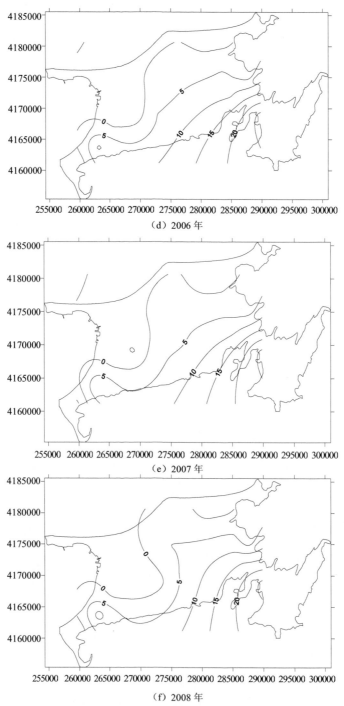

（d）2006 年

（e）2007 年

（f）2008 年

图 3-12　2003—2008 年研究区初始流场分布状况图

（5）地下水库处理

地下水库在距黄水河入海口 1.2km 处，采用高压喷浆技术建成一道地下截渗墙，全长 6000m，平均深度 26.7m，形成总库容 5359 万 m^3，最大调节库容 3929 万 m^3。对于地下水库的处理，根据水库地下水截渗墙的工程位置及截渗效果，确定第一层和第二层的截渗墙渗透系数为 10^{-6}cm/s，第三层截渗墙渗透系数为 10^{-5}cm/s，截渗墙的位置如图 3-13 所示，地下水库工程如图 3-14 所示。

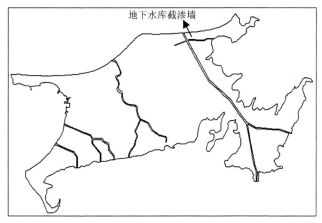

图 3-13　地下水库截渗墙位置

3.3.4　模型的识别与验证

模型采用 Galerkin 有限元方法，初始时间为 2000 年 1 月 1 日，终止时间为 2008 年 12 月 31 日，模拟采用 AB/TR 模式控制的自动时间步长，运算结果包括水位模拟、水质模拟和水量平衡等 3 部分。

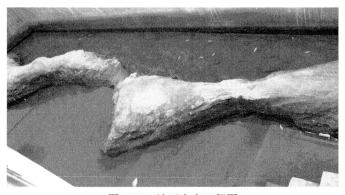

图 3-14　地下水库工程图

根据龙口市水利局提供的地下水长观井资料，监测井位置如图 3-15 所示。

77

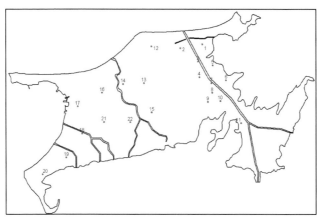

图 3-15　地下水模型监测点位置图

（1）水位模拟

根据《地下水资源管理模型工作要求》（GB/T14497—93）的规定，对于水文地质条件复杂的地区，地下水位和水质的拟合精度均可适当降低。由于研究区水文地质条件比较复杂，本次水位水质拟合相对误差为 10%。根据模型计算，地下水流的拟合情况均符合标准。ID3～ID4 水位的运算结果与观测点的实测值对比以及水位等值线如图 3-16 所示。

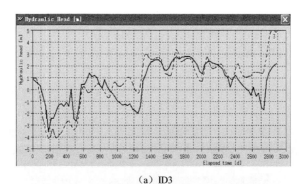

（a）ID3

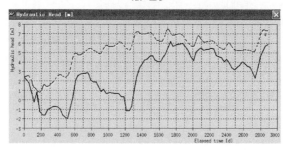

（b）ID4

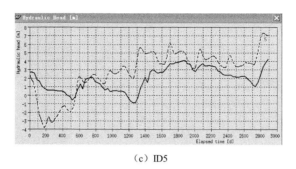

（c）ID5

图 3-16 典型井点水位拟合资料（虚线为实测值，实线为计算值）

此外，通过计算，分别选择丰水年和枯水年的丰水期和枯水期流场进行模拟，2001 年（相对丰水年）和 2006 年（相对枯水年）4 月（一般情况地下水位最低）和 10 月（一般情况下，经过雨季地下水位抬升）的地下水流场分布图如图 3-17～图 3-20 所示。

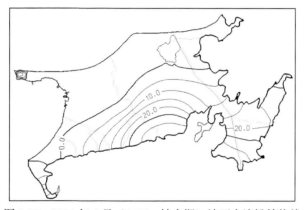

图 3-17 2001 年 4 月（455d，枯水期）地下水流场等值线

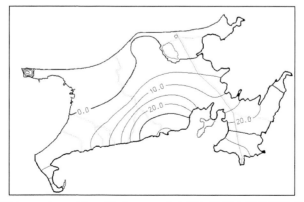

图 3-18 2001 年 10 月（638d，丰水期）地下水流场等值线

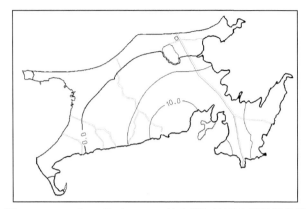

图 3-19　2006 年 4 月（2280d，枯水期）地下水流场等值线

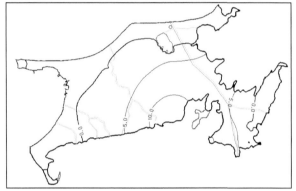

图 3-20　2006 年 10 月（2463d，丰水期）地下水流场等值线

　　图 3-21 为计算时间步长变化图。图 3-22 为研究区水位空间拟合图。由图 3-22 可见，水位拟合的总体趋势较好，特别是模拟的水位等值线分布状态能够反映出该地区的真实情况，说明采用的参数分区较为合理。至于观测井点的波动误差，主要是由于开采量采用面源的定义方式，因为大量的农用井，其单井开采量随时间的变化不像工业自备井那样有完善的计量统计，定义为以乡镇为单元的面状开采，以开采模数定义。故难以细致的"模拟"局部点的精确变化。

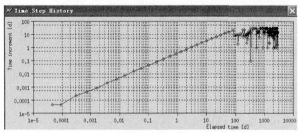

图 3-21　计算时间步长变化图

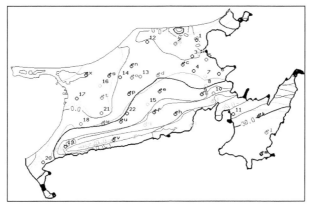

图 3-22 研究区水位空间拟合图

（2）水质结果验证

由于水质观测数据较少，从 2000 年至 2008 年水质统测中选取典型观测点进行对比。观测点及水质等值线的拟合情况如图 3-23 所示。

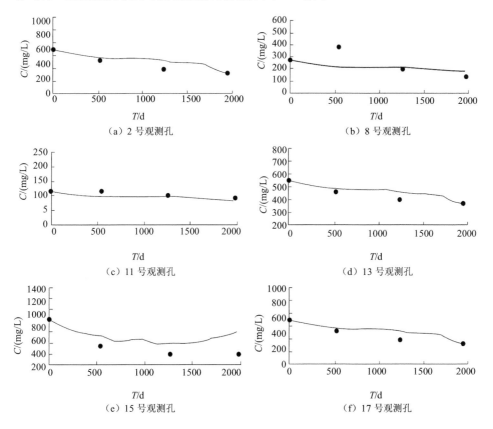

（a）2 号观测孔

（b）8 号观测孔

（c）11 号观测孔

（d）13 号观测孔

（e）15 号观测孔

（f）17 号观测孔

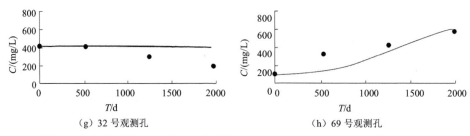

（g）32 号观测孔　　　　　　　（h）69 号观测孔

图 3-23　典型观测孔 Cl⁻浓度拟合曲线（实点为实测值，实线为计算值）

同样，水质模拟效果也较好。个别井点和地区存在一定误差，主要是原始数据获取的问题，包括取样点每次取样位置的变化以及水质化验的误差，再加上开采井用水的随意性很大。

3.4　海水入侵防治措施

根据龙口市海水入侵区地下水保护目标和调控方案，参考《烟台市水利发展"十二五"规划（草案）》、《龙口市水利发展"十二五"规划（草案）》,《山东半岛蓝色经济区水利发展规划（2008—2020 年）》等规划报告，构建龙口市近期的地下水综合治理措施体系。该体系包含了海水入侵防治和地下水保护的工程措施体系以及相应的非工程措施体系。

3.4.1　工程措施

具体工程包括河道拦蓄工程、地下水回灌补源工程、防潮堤工程、农业节水灌溉工程、污水处理回用工程、节水型社会建设续建 6 类海水入侵防治和地下水保护工程。具体工程设计见表 3-3 及图 3-24。

表 3-3　龙口市 2015 年地下水保护主体工程设计表

序号	规划工程	工程分类	工程地点	工程规模	工程投资/万元
1	河道拦蓄工程	黄水河橡胶坝	黄水河	一次性拦蓄水量 198 万 m³	800
2	地下水回灌工程		黄水河地下水库	渗井 500 眼，渗沟、渗渠 30 条，增加地下水补给量 400 万 m³	1600
3	防潮堤工程		泳汶河	新建 20 年一遇的防潮堤 6.24km	4393
4	农业节水灌溉工程	节水改造工程	王屋灌区	渠道防渗衬砌 48.2km，维修改建渠系建筑物 340 座以及灌溉试验站、信息化和管理机构建设	10693

续表

序号	规划工程	工程分类	工程地点	工程规模	工程投资/万元
5	污水处理回用工程	末级渠系改造工程		改造面积 3.72 万亩，渠道长 205km，渠系建筑物 10687 座，量水设施 413 个	6558
		龙口污水处理回用工程		日回用量 1700m³	200
		黄水河污水处理回用工程	黄水河流域	日处理能力 4 万 t，日回用量 15000m³	9800
6	节水型社会续建工程			城镇供水管网升级改造及向海水入侵区延伸、城镇农村生活节水改造及工业企业节水技术改造	16000
合计					50044

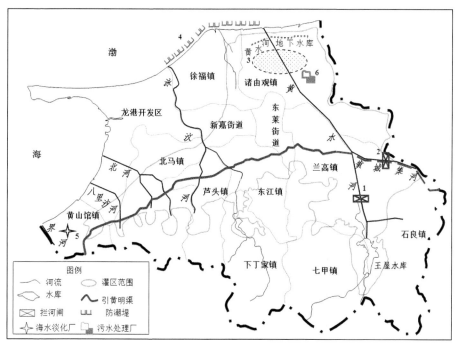

1—黄水河橡胶坝；2—东方水马家拦河闸；3—黄水河地下水库补源工程；
4—泳汶河防潮堤；5—黄水馆海水淡化厂；6—黄水河污水处理厂

图 3-24　龙口市 2015 年地下水保护及海水入侵防治工程示意图

（1）河道拦蓄工程

为了减少汛期河流入海水量，增加地表水供水量以替代地下水开采，增加地

83

表水向地下水转化以提高淡水水位,规划于 2011—2030 年在黄水河、中村河等河流上新建拦河闸坝 3 座,拦蓄地表水量 458 万 m^3,工程概算总投资 2200 万元。其中,2011—2015 年新建橡胶坝和拦河闸各 1 座,拦蓄水量共 368 万 m^3,工程概算总投资为 1300 万元。2021—2030 年新建 1 座,拦蓄水量 90 万 m^3,工程概算总投资为 900 万元。

2011—2015 年规划在黄水河上游兴建橡胶坝 1 座,一次性拦蓄水量 198 万 m^3,工程概算投资 800 万元;在黄城集河修建东方水马家拦河闸 1 座,一次性拦蓄水量 170 万 m^3,工程概算投资 500 万元。

（2）地下水回灌补源工程

为了减缓海水入侵程度,必须加强地表水下渗以提高地下淡水水位。为此,规划于 2011—2015 年在黄水河地下水库上游打回灌补源渗井 500 眼,修建渗沟、渗渠 30 条,增加地下水补给量 400 万 m^3,工程概算总投资为 1600 万元。

（3）防潮堤工程

为了避免海潮直接入侵内陆,规划于 2011—2015 年新建泳汶河防潮堤 6.24km,防潮标准为 20 年一遇,工程概算总投资 4393 万元。其主体工程包括海堤护砌、拦潮闸 1 座、交通桥 1 座、堤顶路、生态防护带及管理设施等。

（4）海水淡化工程

为了增加沿海村镇的供水,规划于 2011—2015 年在黄山馆镇新建日产 1 万 m^3 的海水淡化厂,工程概算总投资为 7500 万元。

（5）农业节水灌溉工程

为了削减农业用水中的地下水供给量,避免农用井过度开采造成地下水位大幅下降,规划于 2011—2015 年续建王屋大型灌区节水改造工程以及末级渠系改造工程,工程概算总投资 17251 万元。该工程计划完成东、西干渠剩余渠段、西干二支渠、三支渠剩余渠段,四支渠、九支渠、十支渠、十一支渠渠道防渗衬砌 48.2km,维修改建渠系建筑物 340 座以及灌溉试验站、信息化和管理机构建设等,工程概算投资 10693 万元;对东干渠、西干渠渠首、六至十五支渠所控面积进行末级渠系改造,改造面积 3.72 万亩,渠道长 205km,渠系建筑物 10687 座,量水设施 413 个,工程概算投资 6558 万元。工程完成后,王屋灌区渠系水利用系数提高到 0.75,灌溉水利用系数提高到 0.68,改善灌溉面积 10.7 万亩,年节水量达到 1234 万 m^3。

（6）水处理回用工程

为了减小地下水开采量,减缓海水入侵,同时增加城市供水,规划于 2011—2015 年投资 200 万元完成龙口中水回用工程建设,每天回用水量 $1700m^3$,用于煤炭场除尘降温、道恩工业园区环境用水、绿化用水和湖泊用水等;2011—2015 年在黄水河流域建设日处理能力 4 万 t 的污水处理厂,同时配套建设中水利用工程,每天回用量 15000m³，用于度假区环境用水、绿化用水、湿地补水工程，工程概算总投资 9800 万元。

（7））节水型社会续建工程

为了减小海水入侵区地下水开采量，提高有限水资源的利用效率，规划于 2011—2015 年实施城镇供水管网升级改造及向海水入侵区延伸工程、城镇农村生活节水改造及工业企业节水改造技术工程。工程概算总投资 16000 万元，年节水量 1500 万 m³，城镇节水器具普及率达 100%，农村节水器具普及率提高 5%。

3.4.2 非工程措施

为了确保地下水调控方案的有效实施，实现地下水压采目标，还需要进一步加强水资源统一管理，建立海水入侵动态监测与预警网络，开拓海水入侵防治投资渠道，加大水利宣传力度。

（1）加强水资源管理

贯彻落实最严格的水资源管理制度，以区域年度用水总量控制为重点，以地下水位警戒线为控制目标，运用系统工程理论，建立以海水入侵作为约束条件的水资源管理模型，加强水资源的科学管理；进一步规范地下水取水许可，加强水资源论证管理，切实做到"取水必须许可，用水必须收费，取水必须计量，违法取水必须受到处罚"。

（2）建立海水入侵动态监测与预警体系

海水入侵动态监测，是指根据实际需要，在较短时间内获得当前状况下全区域与海水入侵相关的指标，包括地下水位、地下水质、咸淡水界面位置、海水入侵范围等。结合龙口市实际，可组建由监测总站（由烟台市水利局负责）、监测分站（由龙口市水务局负责）和监测子站（由各乡镇水利站具体负责）构成的三级海水入侵动态监测网体系，各站点之间利用 Internet 进行信息交换。同时，建立相应的预报预警机制，对海水入侵的危害程度进行分级预警（可采用"红、黄、绿"三级预警）。

（3）开拓海水入侵防治投资渠道

海水入侵防治工程的建设、地下水保护工作的开展都需要资金的保障，建议从税收、贷款等方面给予优惠政策，鼓励市场资本进入海水入侵防治工程建设领域，例如潮间带咸水开采工程、保护区需水工程等。社会企业可以全资、控股或参股的方式参与建设，其投资建设后可以允许获得一定数额的"水权"。

（4）加大水利宣传力度

加大对现阶段基本水情的宣传教育，加大海水入侵危害的宣传，及时宣传报道先进典型，公开揭露和批评违法违规行为，推动全社会对防治海水入侵和地下水管理工作的了解、支持和参与；围绕地下水保护、节水型社会建设等内容，宣传地下水保护的理念、措施，推广各种节水器具；扩大公民对环境保护的知情权、参与权和监督权，鼓励社会团体和公民积极参与地下水保护工作；加强生态环境法律、政策和技术咨询服务，扩大和保护社会公众享有的环境权益。

第4章 地下水保护技术

研究区地处胶东半岛西北部，近年来，其工农业迅猛发展，人民生活水平不断提高，需水量大大增加，而降水量偏少，地表水入不敷出，地下水开采强度增加，地下水位大幅度下降，疏干漏斗不断扩大，至 2007 年，地下水位负值区面积已达 131km^2，海水入侵区面积 79km^2，从而引发了水资源短缺，生态环境恶化等一系列的问题。通过进行龙口市平原区地下水污染源的深入调查，地下水脆弱性及其价值功能和地下水源保护区划分的评价研究，识别出地下水易于污染的高风险区，并提出进行风险管理的有效措施，将为研究区地下水资源管理提供强有力的技术支撑，有助于决策者和管理者制定合理有效的地下水保护管理战略和措施。

4.1 国内外研究进展

目前，对于地下水保护方面的研究，主要集中于地下水脆弱性评价、地下水污染风险评价、地下水保护区划分等方面。另外，GIS 在地下水研究中的应用也具有一定的普遍性。

4.1.1 地下水脆弱性

"地下水脆弱性"由法国水文地质学家 J.Margat 于 1968 年首次提出，其后的二十几年间，各国的水文地质学家们就开始从不同的角度对其概念的内涵和外延提出了各自的观点，但由于影响因素的复杂性和研究水平的局限性，有关"地下水脆弱性"概念的定义没有统一标准。

1987 年以前，地下水脆弱性只是一个相对的概念，多是从水文地质本身的内部要素这一角度出发定义的。例如：Albinet 与 Marga（1970）认为，地下水脆弱性是在自然条件下污染源从地表渗透与扩散到地下水面的可能性；H.Verhu 将地下水脆弱性理解为地下水抵御人为污染的能力，即"防污性能"；Vrana（1983）指出，地下水脆弱性是影响污染物进入含水层的地表与地下条件的复杂性。在 1987 年的"土壤与地下水脆弱性"国际会议上，"地下水脆弱性"的定义开始考虑人类活动和污染源等外部因素对地下水脆弱性的影响。例如：Foster（1987）认为地下水污染是由含水层本身的脆弱性与人类活动产生的污染负荷造成的；Palmquist（1991）认为，地下水脆弱性是人类活动或污染源施加于地下水的一种危险性度量。美国审计署于 1991

年应用水文地质脆弱性来表达含水层在自然条件下的易污染性，而用总脆弱性来表达含水层在人类活动影响下的易污染性。美国国家科学研究委员会于 1993 年给予地下水脆弱性如下定义：地下水脆弱性是污染物到达最上层含水层之上某特定位置的倾向性与可能性。同时该委员会将地下水脆弱性分为两类：一类是本质脆弱性，即不考虑人类活动和污染源而只考虑水文地质内部因素的脆弱性；另一类是特殊脆弱性，即地下水对某一特定污染源或人类活动的脆弱性。1994 年国际水文地质协会（IAH）将地下水脆弱性定义为：地下水脆弱性是地下水系统的固有属性，该属性依赖于地下水系统对人类或自然冲击的敏感性。本质脆弱性和特殊脆弱性概念的提出，标志着地下水脆弱性的研究进入了一个新的领域。

国内关于地下水脆弱性的研究开始于 20 世纪 90 年代中期，因而"地下水脆弱性"这一术语在国内出现得较晚。目前，国内研究多集中在地下水本质脆弱性，至今尚没有明确统一的"地下水脆弱性"定义，其定义多引用外文资料。在叫法上常以"地下水的易污染性"、"污染潜力"、"防污性能"、"敏感性"等来代替"地下水脆弱性"。

地下水脆弱性评价是对评价区的地下水脆弱性进行量化的过程。地下水脆弱性只具有相对的性质，它无法直接测量、无维、无量纲，评价结果的精确度取决于有代表性的且可靠的数据的数量。地下水脆弱性评价可以区别不同地区地下水的脆弱程度，评价地下水潜在的污染可能性，帮助水资源管理和决策者制定有效的地下水保护措施，科学地指导地下水的合理开发利用。同地下水脆弱性概念相对应，地下水脆弱性评价分为本质脆弱性评价与特殊脆弱性评价两类。在地下水脆弱性评价方法中，DRASTIC 模型应用最为广泛，但是 DRASTIC 模型需要人为确定各项指标的权重，具有较强的主观性，并且建立一套系统、易操作的指标体系也是地下水脆弱性评价的关键。

地下水脆弱性评价及其编图是目前及未来一段时期国际水文地质和环境科学研究的热点和较前沿的课题。地下水脆弱性图主要反映地下水的易污染性，它是评价地下水脆弱性的潜势、鉴定易污染区域、评估污染风险和设计地下水质量监测网络的工具，并有助于制订地下水的保护战略（J.vrba，1998），它是地下水保护和污染防治工作的基础。地下水脆弱性图的最初概念和编图方法始于欧洲 20 世纪 60 年代。1994 年，J. Vrba 和 A. Zaporozec 编著了《地下水脆弱性编图指南》。地下水脆弱性图是脆弱性评价结果的表达。

4.1.2　地下水污染风险评价

20 世纪 90 年代以来，针对区域范围内广泛存在的面源污染问题而展开的地下水污染脆弱性评价在实践中不断得以深化。从早期的仅考虑自然属性条件下的本质脆弱性评价，到后来考虑到有关污染物和其他人类活动因素的特殊脆弱性评价。有些研究直接将这种考虑人类土地利用活动影响因素的脆弱性评价称之为地下水污染的风险评价，并将其评价成果应用于水源保护和土地利用规划之中。此类研究的典型案例包括以色列的学者 Martin L.Collin 等、英国的学者 Secundas 等进行的地下水污染风险评价与编图的理论研究和实践探讨。然而，这些地下水污染风险评价研究所采用的理论与方法还是初步的，需要不断完善。2002 年，世界银行出版了《地下水质量保护》用户指南，全面地介绍了地下水脆弱性与污染风险性评价。

由此可知，地下水污染风险评价是在地下水脆弱性研究不断深化的基础上得以发展的。地下水污染风险评价的研究和发展过程主要经历了以下三个阶段：

1）地下水污染风险评价的早期研究阶段——固有脆弱性因素与人类土地利用因素的叠加关系。早期地下水污染风险评价的特点是，将土地利用因素作为地下水脆弱性评价的一个影响因子，最终的评价结果是将地下水污染的固有脆弱性与人类土地利用活动影响之间的复杂关系处理为简单的叠加关系。

2）地下水污染风险评价的进一步深化阶段——固有脆弱性因素与人类土地利用因素的组合关系。研究发现，早期的地下水污染风险评价将地下水脆弱性与土地利用之间复杂的相互作用关系简化成单一的叠加关系，掩盖了许多矛盾和问题。事实上，具有高脆弱性的地区如果没有明显的污染负荷则不存在污染风险；即便在脆弱性低但污染负荷高的地区仍存在较大的污染风险。基于这种思路，地下水脆弱性的影响与土地利用的污染影响就不应该是简单的叠加，而应是多种不同的组合关系。以色列和英国开展的地下水污染风险评价正是这种理念的充分体现。

3）引入灾害风险理论的地下水污染风险评价。真正意义上的地下水污染风险评价，不仅要考虑人类活动产生的污染负荷的影响以及含水层系统的固有脆弱性，还要考虑地下水系统价值功能的变化。从文献检索来看，应用灾害风险理论进行地下水污染风险方面的研究还很有限。

目前，国内地下水污染风险评价大多还处于探索研究的初级阶段——地下水的固有脆弱性评价研究。少数地下水污染风险评价工作集中在风险评价的早期研究阶段——进行地下水脆弱性评价时同时考虑人类土地利用活动或污染源的影响。郑西来等既考虑了包气带、含水层等水文地质内部特征，又考虑了污染源特征，对西安市潜水的特殊脆弱性进行了评价。方樟在考虑影响地下水脆弱性的本质因素和人为因素的基础上，确定了地下水位埋深、包气带岩性、补给强度、地形坡度、含水层导水性、污染源、地下水开采强度、人口密度 8 个指标对松嫩平原地下水进行评价。卞建民等在传统的 DRASTIC 指标模型基础上，根据吉林西部通榆县的特点，增加了地下水开采强度、地下水水质、潜水蒸发强度及土地利用 4 个因子，构成了 MEQU-DRASTIC 指标模型，借助 GIS 技术提取评价指标参数，应用模糊优选模型进行了研究区地下水环境脆弱性评价。姜桂华等分析了地下水特殊脆弱性内涵，以及地下水本质因素、人为因素及污染物特殊因素等对脆弱性的影响，并从中选取了 13 个评价因子。将包气带"三氮"迁移转化过程数值模拟结果耦合到脆弱性评价模型中，使过程模型与评价模型结合起来，再结合 GIS 技术，对地下水特殊脆弱性进行了评价。张强等从欧洲脆弱性评价模型出发，考虑径流条件（C）和土壤保护能力（O）两个因子，用一种简单的二元模型来评价地下水的脆弱性，在土地利用资料的基础上，叠加了污染源危险评价图和地下水含水层的固有脆弱性评价图来生成污染风险评价图，并通过水质空间分布图和示踪试验结果，验证了该方法的合理性。梁婕等提出了基于随机-模糊模型的地下水污染风险评价方法。该方法同时考虑了参数的随机性和模糊性，将地下水污染的环境风险定义为含水层"脆弱性"和地下水污染对人类健康"危害性"的乘积，运用模糊属性识别理论判断环境风险的等级。

4.1.3　地下水源地保护区划分

划定水源保护区是保护水源地不受污染的关键措施和强有力手段，国内在这方面尚处于起步阶段。现阶段饮用水水源保护法律制度主要见诸于以下法律法规：《环境保护法》、《水污染防治法》及其《实施细则》、《水法》等。另外，1985 年卫生部发布的《生活饮用水卫生标准》(UDC613.3/GB5749—85)中规定了水源卫生防护地带；1989 年国家环保局等五部委联合颁布的《饮用水水源保护区污染防治管理规定》（以下简称《规定》），对水源保护区的划分做了原则性规定。该《规定》在方法上采用了三级划分法，但并未给出三级保护区具体的划分依据。由于该《规定》制订年代较早，规范性较差，只能对饮用水水源保护起到一种指导作用。

1992 年国家环保局出台了《饮用水水源保护区划分技术纲要》，在此基础上，2007 年 1 月又发布了《饮用水水源保护区划分技术规范》（HJ/T338—2007），本标准规定了地表水饮用水水源保护、地下水饮用水水源保护区划分的基本方法和饮用水水源保护区划分技术文件的编制要求。目前，地方各级人民政府也根据该新标准，出台了一系列的地方法规、规章和规范性文件，并开始在水源保护区划分的管理实践中得以运用，这些对各地饮用水水源保护起到一定的积极作用。

早在 18 世纪末期，欧美工业国家就开始了对水源地保护区划分的研究。到 20 世纪末期研究方法已相对成熟，并颁布了许多与地下水水源地保护区划分工作相关的法规。美国、德国、英国、加拿大、荷兰等北美和西欧一些国家已经广泛开展了水源保护区划分的工作。

美国的安全饮用水法最初是于 1974 年由国会通过的，目的是通过对公共饮用水供水系统的规范管理，以确保公众的健康，美国环保署、各州和供水系统共同努力以确保饮用水符合标准。该法律于 1986 年和 1996 年进行了修改,地下水保护工作随即得到了迅速的发展。美国在全国范围内开展了水源保护行动(WHPP)和水源评价计划(SWAP),各州根据不同的地质、地理和水文地质条件,采取了不同的措施。2000 年又颁布了《地下水章程》(GWR),旨在保护地下饮用水源免受细菌和病毒的侵害。目前,美国已开始对承压含水层和裂隙含水层及农业区的含水层开展水源保护工作。

在德国,饮用水水源保护区的建立与保护要符合法律程序,1994 年版的《地下水水源保护区条例》是最全面的地下水水源保护区法规。经过 100 多年的长期实践,德国迄今为止已设立近 2 万个饮用水水源保护区,水源保护区面积占德国土地面积的 13%。德国地下水源保护区的设置模式以及划定水源保护区的基本要求是:首先将取水口所在流域区全部划定为水源保护区,水源保护区内部划分出 3 个分区,实施分级保护。饮用水水源保护区内取水口中心区保护级别最高,向外逐渐降低。对于不同的水源保护区,有不同的防污要求。

地下水是英国的主要饮用水源,大约占生活饮用水源的 85%。地下水源保护区的建设在英国已有近 100 年的历史。据统计,到 2004 年英国全国已划定了近 2000 个水源保护区。英国根据岩土层对地下水固有的保护特征来划定水源保护区,分为三个保护带:内区(一级保护区或叫微生物保护带)、外区(二级保护区或叫外围保护带)、流域区(三级保护区或叫汇水带)。在水源保护区内,禁止或限制可能引起地下水源污染的活动。目前,建立地下水水源保护区是英国地下水保护政策的重要手段之一。

地下水保护区划分方法方面,随着人们对水文地质条件等认识的提高,逐渐发展出公式计算法、解析解方法、数值模拟方法等;近些年来,随着各学科的发展融合,水质分析、示踪剂试验与地下水测年(时间)等技术也逐渐被应用到水源地保护区划分研究中来。

4.2　地下水污染源灾害分级

近年来,研究区中的平原区工农业迅猛发展,人民生活水平不断提高。与此同时,纷繁复杂的人类活动也衍生出了不同的污染源,加剧了地下水的污染负荷,给地下水带来了不同程度的污染。

进行地下水污染源调查,有利于掌握研究区地下水污染源的基本信息,为进行污染风险管理提供了依据;同时,它也是进行地下水污染源灾害分级与地下水污染风险评价的必要环节。

4.2.1　地下水污染源调查

4.2.1.1　地下水污染源类型

地下水受到多种污染源的威胁。按照产生方式的不同，地下水污染源主要分为以下六种类型：

1）自然污染源：主要包括无机物质、微量金属元素、放射性物质、有机质及微生物等。

2）农林污染源：主要包括农药化肥的使用和储存、禽畜粪便、灌溉回归水、树林的种植与采伐等。

3）生活污染源：主要包括家庭和市政固体废弃物的堆放和处理、生活污水的排放、污水管网和储油罐等的泄漏、城市地面径流等。

4）工矿业污染源：主要包括尾矿、矿坑水、工业固体和液体废弃物、工业储存罐与管道的溢流和泄漏等。

5）水管理失误：主要包括水利工程的不当设计、海水入侵、咸水上移、废井的不当管理、土地未加限制的开发等。

6）其他污染源：主要包括交通事故、自然灾害和空气污染等。

4.2.1.2　污染源调查方法

进行地下水污染源调查，不仅需要事先进行认真的规划，还需要恰当地选择一种或几种调查、鉴别方法。一个彻底的调查过程是循序渐进的，一般应按照收集资料、现场踏勘、开展预研究、制定工作方案，进行基础调查这样的程序进行。其中预研究指的是在充分研究以往资料和野外踏勘工作的基础上，初步确定调查目标，明确调查区突出关键的污染源问题。当然，根据研究的目的、目标及范围的不同，污染源调查的方法与程序也有很大的区别。美国环保署于 1991 年颁布了污染源调查的流程与方法，如图 4-1 所示。

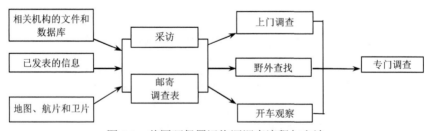

图 4-1　美国环保署污染源调查流程与方法

4.2.2　地下水污染源灾害分级方法

目前，对某种特定的污染源进行污染评价的方法已有很多，如固体废弃物堆放场的污染评价，农药、化肥施用的污染评价，酸性沉积物的污染评价和土地污染评价等。但是，考虑多种污染源综合作用下的地下水污染评价的方法还比较少，下面介绍两种不同的方法。

4.2.2.1 简单评判法

简单评判法是一种综合的非常简单的进行地下水污染源灾害分级的一种定性方法，它应用现有的污染源类型及其所处含水层的位置信息评价可能对地下水造成污染的威胁。这种方法应用起来简单快捷，而且对数据的要求较少。简单评判法的成果对于提高公众保护地下水的意识和政府职能部门预防地下水污染十分有用。

基于简单评判法的污染源灾害分级体系见表4-1。在此分级体系中，地下水污染源的灾害等级被分成三个级别：低、中、高。

表 4-1 基于简单评判法的污染源灾害分级体系

污染源类型	地下水污染灾害等级		
	高	中	低
自然污染源	水文地球化学过程产生的有害污染物质的浓度高于健康饮用水标准	水文地球化学过程引起了地下水在美学、味觉、嗅觉方面的问题，且在技术上和经济水平上较难治理	水文地球化学过程引起了地下水美学、味觉、嗅觉方面的问题，用简单的方法可以治理
农林污染源	农林生产活动密集，化肥、农药使用广泛	适度使用化肥和农药；灌溉	传统或"生态"的生产耕作方式；存在广泛的牧区
生活污染源	人口密度高，无污水管网或部分覆盖污水管网	人口密度高，全部覆盖污水管网	人口密度低，部分覆盖污水管网
		人口密度低，无污水管网覆盖	
固体废弃物污染	工业危险废物或易化学反应的废物、大量生活废弃物、混合废弃物	少量生活废弃物	惰性工业废弃物
污水处理厂	污水氧化塘、渗透池、湿地、灌溉	其他污水处理设施	
工矿业污染源	矿业：主要取决于开采矿物的类型(对于放射性物质、硫化矿、煤等，级别为高；如果没有或只有有限的危害物质的泄露，则级别为低～中)	农业产品加工业；电子业；金属材料；造纸业；洗涤剂制造业	食品和饮料业，非金属矿业，纺织业(如有洗染流程，则级别为高)，木制品业(如有喷漆流程，则级别为高)
	工业：化工业；金属的加工；石油和天然气业；精炼业；石油化学制品业；制药厂；涂料业		
水管理失误	基于具体的水文地质条件进行专家判断。可能的污染源包括：不合理的井(场地)的设计，海水入侵，不加节制的土地开发，水坝建设，集中的局部回灌等，灾害级别从高到低不等		

4.2.2.2 详细分级法

详细分级法是在调查污染源的污染物类型、污染物总量、污染物堆放方式、地层对污染物的自净作用和污染物向地下水的迁移途径的基础上对污染源的灾害进行分级。运用该方法进行地下水污染源灾害分级，需要进行深入的野外调查，以获得大量污染源的详细信息。详细分级法的成果有助于进行污染源的治理和地下水的保护。

Foster 和 Hirata 提出了一个污染源的分级方法，该分级方法主要基于对地下水污染源下列四个主要特征的评定：①污染物分类（降解和吸附程度）；②污染物堆放形式（在含水层的位置和淋滤水量）；③污染物总量（污染物浓度及其补给量的影响）；④污染物存留时期（堆放时期和产生污染的概率）。图 4-2 表示用上述 4 个主要特性对污染源分级的矩阵评价方法。

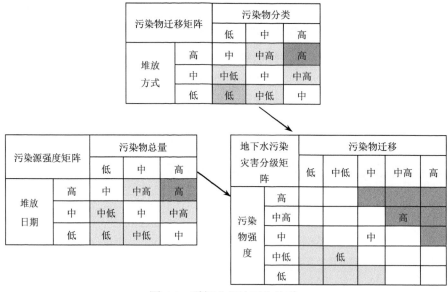

图 4-2　详细分级法评价体系

4.2.3　地下水污染源灾害分级

4.2.3.1　地下水污染源灾害分级

经过调查发现，研究区地下水污染源类型主要为工矿业污染源、生活污染源、固体废弃物污染、农林污染源及水管理失误等。由于详细分级法需要大量详实的污染源信息，而实际调查中一些资料难以获得，故这里采用简单评判法与详细分级法相结合的方法，将研究区地下水污染灾害分为三个级别：高、中、低，相应的地下水污染灾害指数（H）分别为3、2、1。

（1）工业污染源

高浓度的工业污染物及工业污水的未达标排放，使得工业活动成为地下水污染的主要来源。但是，由于工业活动的多样化以及不同工业活动过程所产生的物质组分的信息难于获取，所以很难将所有工业活动一般化。

为了全面评价工业污染源产生的地下水污染灾害，可以主要考虑两个因素：工业活动排放的污水量和污水的水质。

工业活动产生的污水量可以通过水的使用量来进行粗略的估算。除了饮料制品业之外，大部分工业的生产耗水量是相对较小的。

工业活动产生的污水的水质评价可以采用定性的方法进行。本研究中采用地下水的污染潜势指数定性表示污水的水质情况。表4-2对普通工业活动的化学特性和地下水污染潜势指数进行了总结。

表4-2　常见工业活动化学特性和污染潜势指数

工业类型	pH值	盐度负荷	营养负荷	有机负荷	碳氢化合物	大肠杆菌	重金属	合成有机物	污染潜势指数
钢铁	6	*	*	**	**	*	**	**	2
金属加工	7～10	*	*	*	*	*	***	***	3
机械工程	—	*	*	*	***	*	***	**	3
有色金属	—	*	*	*	*	*	***	*	2
非金属矿物	—	***	*	*	*	*	*	*	1
石油提炼厂	—	*	**	***	***	*	*	**	3
塑料制品	—	***	*	**	**	*	*	***	3
橡胶制品	—	**	*	**	*	*	*	**	2
有机化学品	7	**	*	**	**	*	**	***	3
无机化学品	—	**	*	*	*	*	***	*	2
制药	—	***	**	***	*	**	*	***	3
木工	—	**	*	**	*	*	*	**	1
纺织厂	—	**	**	***	*	*	*	**	2
造纸	8	*	**	**	*	*	*	*	2
制革业	—	***	**	**	*	*	**	*	3
农药业	—	**	*	**	*	*	*	***	3
肥皂和洗涤制品	—	**	*	**	*	*	*	**	2
食品饮料业	—	**	***	***	*	***	*	*	1
化肥业	—	***	***	*	*	*	*	*	2
糖和制酒业	—	***	***	***	**	*	*	*	2
电力	—	*	*	*	***	*	***	**	2
电器和电子业	—	*	*	*	***	*	**	***	3

注　表中*为低，**为中，***为高，它们表示中间生产过程或最终产生的污水浓度超过某项指标的可能性；
　　— 表示无可用数据。

依据不同工业活动的类型、用水量及其地下水污染潜势指数，即可进行工业污染源地下水污染灾害的分级，其矩阵评价方法见表 4-3。

表 4-3　工业污染源地下水污染灾害分级评价矩阵

用水量 /(m³/d)	地下水污染潜势指数		
	1	2	3
≤100	低	中	中
100～1000	低	中	高
≥1000	中	高	高

经调查发现，研究区内共有大小工业企业 1000 余家，包括机械制造、化工、纺织业、服装加工、饮料及食品加工、造纸、金属加工、电镀和塑料制品等行业。大部分企业因污水处理设备只为应付检查而设立，或设备出现故障导致污水处理单元不能正常运行；厂区储存设备发生故障后，泄露的油、化学物质无法及时处理；以及其他因人为操作不当而引起废污水未能达标处理，废水排放达标率较低，生产废水就近排入附近沟渠或河道的问题严重，对地下水造成了一定程度的污染。

由于生产规模及工业类型的不同，企业日用水量从 10～2000m³/d 不等。根据不同工业类型的地下水污染潜势指数及各企业的日用水量，即可确定其地下水污染灾害等级。

（2）矿业污染源

区内建有全国唯一的低海拔大型海滨煤炭基地——龙矿集团，位于研究区渤海湾南岸，在洼里、北皂、梁家有生产矿井基地，褐煤总储量 26 亿 t，开采量 400 多万 t/a。

煤矿的开采对地下水造成了严重的危害。煤矿开采必然涉及对地下水的疏干和排泄。由于地下水的不断疏干和排泄，导致地下水位大幅度的下降。另外，煤矿开采过程中，一方面地下水转化为矿井水后遭受到严重污染；另一方面矿井排水和矿坑水在排弃过程中，渗入地下进而污染地下水。煤矿建设、开采，煤炭洗选过程中排出的大量煤矸石、煤粉灰，炼焦厂丢弃的煤焦粉以及随煤炭开发发展起来的电力、交通、动力业以及人口急剧增加产生的灰渣及生活垃圾等固体废弃物堆积于地表，一部分经降雨淋滤入渗地下污染地下水，一部分经风化后，随风沙飘落到其他地方，其有害成分也将随降水补给地下水。

根据表 4-1 的简单评判法，煤矿开采区地下水污染灾害等级为高。

（3）生活污染源

生活污染源这里主要指的是生活污水的排放。生活污水是人们日常生活中产生的污水，主要含有人的排泄物和生活废料。生活污水包括厕所排水、厨房洗涤排水及沐浴、洗衣排水等。其成分主要取决于人们的生活水平和习惯，与气候条件也有密切关系。

一般情况下，生活污水中含有大量的有机物，如纤维素、淀粉、糖类和脂肪蛋白质等，也常含有病原菌、病毒和寄生虫卵；以及无机盐类中的氯化物、硫酸盐、磷酸盐、碳酸氢盐和钠、钾、钙、镁等。总的特点是含氮、含硫和含磷高，在厌氧细菌作用下，易生恶臭物质。

生活污水的排放量与生活水平有密切关系。通常情况下，其污染物排放系数参见表4-4。

表4-4　生活污水污染物排放系数

类别	COD_{Cr}	BOD_5	NH_3-N
城镇居民生活污水/[kg/(a·人)]	7.3	4.42	0.44
农村居民生活污水/[kg/(a·人)]	5.84	3.39	0.44

平原区内城镇总人口约26.4万人，主要集中在东莱街办、新嘉街办及开发区；农村总人口约34.1万人，分布在研究区的其余乡镇(根据龙口市2007年统计年鉴)。

城镇地区污水管网全部覆盖，生活污水直接进入其中。但部分区域污水管网设备老化，存在渗漏现象，渗漏的污水直接渗入含水层，污染了地下水。

农村地区除极少数村庄有污水收集系统外，大部分生活污水直接排入村中的沟渠，然后流入村外的沟渠或河道，污水在沟渠、河道沿途下渗或在地表蒸发。还有部分村庄采用渗井、渗坑的方式排除污水，污水直接渗入含水层，对地下水影响较大。

参照简单评判法中生活污染源的地下水污染灾害分级情况，选取污水管网的覆盖情况和人口密度两个因子，采用见表4-5的矩阵评价法对污染灾害进行分级。

表4-5　生活污染源地下水污染灾害分级评价矩阵

地下水污染灾害分级		污水管网覆盖情况		
		全部	部分	没有
人口密度	低	低	低	中
	中	中	中	高
	高	中	高	高

（4）固体废弃物污染

固体废弃物产生的渗滤液也是地下水污染的一个重要来源。渗滤液是指在废弃物堆放和填埋过程中由于发酵和雨水的淋溶、冲刷，以及地表水和地下水的浸泡而滤出的污水。高浓度的 NH_3-N、Fe、Mn 含量是废弃物渗滤液的重要水质特征，直接影响着固体废弃物填埋场周围地下水的污染程度。进行固体废弃物地下水污染灾害评价，需要考虑以下两个因素：

1）固体废弃物渗滤液的体积。它是废弃物中所含水分及废弃物在环境中的堆放方式的函数。为求得渗滤液及淋溶液的体积，首先需要估计一下入渗到废弃物中的水量：

$$Per = P + R + ES_i - ES_o - Ev - \Delta S \tag{4-1}$$

式中：Per 为入渗量；P 为降雨量；R 为淋溶量；ES_i、ES_o 分别为地表径流的入流量、出流量；Ev 为蒸散发量；ΔS 为土壤水分的变化量，从长时间平衡角度来讲，它可视为零。而渗滤液的实际体积（L）为入渗量（Per）、废弃物水分的滞留量（ΔB）、废弃物中水分的含量（B）以及自然或人工的排水量（LS）的函数，即

$$L = Per + B - \Delta B - LS \tag{4-2}$$

经过简化，可以降低求解渗滤液及淋溶液体积的难度。这里假定一般的固体废弃物中水分的含量为零，即 $B=0$。由式（4-1）和式（4-2）可知，渗滤液及淋溶液体积主要取决于降雨量。

2）渗滤液的物质组成。它主要决定于固体废弃物的来源，或者废弃物之间发生的物理化学反应。如果已知废弃物的来源，就可以最大限度地估计淋溶液所含的成分。

在已知年降雨量以及固体废弃物来源的情况下，进行地下水污染灾害分级的评价过程见表 4-6。

表 4-6 固体废弃物地下水污染灾害分级评价矩阵

废弃物来源	年降雨量/(mm/a)		
	<200	200～1000	>1000
生　活			
居民区	低	低	中
居民区、医院	低	中	高
居民区、医院、工业	低	中	高
工　业			
1	低	低	中
2	低	中	高
3	中	中	高

注　1、2、3 为表 4-2 中工业活动的污染潜势指数。

研究区内建有一处 II 级生活垃圾填埋场——龙口市凤凰山废弃物处理场。总占地面积为 416 亩，设计日处理能力 200t。目前，该垃圾填埋场有 10 万 m^2 废弃物填埋区、6.7 万 m^2 的医疗垃圾焚烧处理场用地、2 万 m^2 渗滤液调节池、1 万 m^2 管理区、1 座日处理能力 70t 的渗滤液处理站，以及截洪坝、截洪沟、垃圾坝、截污坝等基础配套设施。

该垃圾场中固体废弃物的来源主要为居民区和医院，而龙口市平原区多年平均（1960—2007 年）降水量为 580.9mm，故垃圾处理场的污染灾害分级为中。

另外，研究区内尤其是农村地区以及各河流沿岸地区，缺少垃圾卫生填埋场或其他形式的处理设施，生活垃圾直接堆放在低洼地、干涸河道或废弃砂石坑中，垃圾组分以厨房垃圾、塑料包装、建筑垃圾为主。这种垃圾处置方式由于没有采取防渗措施，会导致垃圾渗滤液较易渗入地下，污染地下水。

（5）农林污染源

平原区农林污染源主要为农药化肥污染以及畜禽养殖污染。

1）农药化肥污染。在研究区农业种植中，过量使用的化肥、农药等，除部分被土壤吸收存留于其中外，大部分随灌溉尾水和雨水渗入地下，造成地下水污染。

据报道，农业生产中氮肥的利用率为 30%～50%，氮肥的地下渗漏损失为 10%，农田排水和暴雨径流损失为 15%；磷肥利用率为 10%～25%。以 2007 年为例，研究区共施用氮肥 109727t，磷肥 18814t，耕地面积 18501hm²，平均施用氮肥量 5.93t/hm²，平均施用磷肥量 1.02t/hm²，化肥使用广泛且强度较大。

2）畜禽养殖污染。随着研究区内农村经济的蓬勃发展，畜禽养殖业从分散的农户养殖转向工厂化养殖，畜禽粪便污染大幅度增加，也成为一个重要的污染源。

以 2007 年为例，龙口市平原区主要畜禽为牛、猪、鸡，总数分别为 13114 头、187519 头、4164747 只。各镇畜禽饲养量分布不均，其中北马镇最多，东江镇最少。畜禽污染的主要问题是规模化养殖场没有污水处理设施，产生的养殖废水大多排放至附近沟渠；散户养殖的畜禽大多没有圈养、笼养，或者圈养、笼养的地面防渗措施不力，污染物入渗至地下，给地下水水质带来较大的影响。

调查表明，猪粪尿混合排出物的 COD 值达 81000mg/L，牛粪尿混合排出物的 COD 值达 36000mg/L，笼养蛋鸡场冲洗废水的 COD 值为 43000～77000mg/L，氨氮浓度为 2500～4000mg/L。畜禽粪便中的有毒、有害物质渗入地下水，使地下水溶解氧含量减少，有毒成分增多。

通过以上分析，根据表 4-1 所示的简单评判法，即可对研究区各镇农林污染源的地下水污染灾害进行分级。

（6）水管理失误

从 20 世纪 80 年代起，伴随着龙口市经济的快速发展，工业及生活用水量迅猛增加，各行业对水的需求不断加大，地下水量的获取已超过其自身的供给能力，出现了采补失衡，地下水位大幅度下降，疏干漏斗不断扩大。地下水位低于海平面的负值区面积最大时达到 225km²，致使水资源的供需矛盾日益加剧，出现了生态平衡的破坏，环境质量下降，海水向内陆侵染加剧，地下水污染现象严重。68km的海岸线上几乎全部出现海水入侵，最大入侵面积 113.5km²，占北部平原区的 1/4左右，大批农用机井报废，相当一部分工矿企业因缺水不能正常运行，城镇居民生活用水实行定时定量供应。

　　经过 10 多年的综合治理、水资源开发、调整供水形式、合理调配区域水资源，使负值区开采地下水的强度降低，遏制了海水入侵范围的扩大，到 2007 年地下水位负值区面积为 131km²，海水入侵区面积为 79km²，地下水仍处于污染状态。

　　根据研究区海水入侵的严重程度，结合表 4-1，可将海水入侵区的地下水污染灾害等级划分为高。

4.2.3.2　分级评价结果及分析

　　通过对龙口市平原区地下水不同污染源类型的调查与分析，以及不同类型污染源的灾害分级评价，将各类型污染源综合分析，得到研究区地下水污染源灾害分级图，如图 4-3 所示。

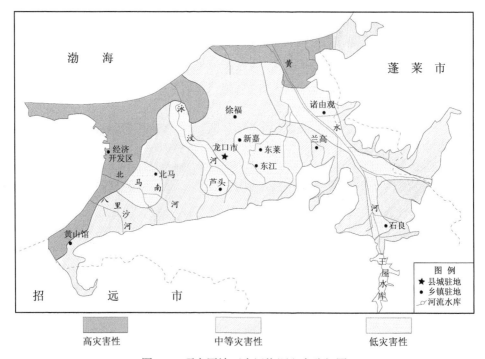

图 4-3　研究区地下水污染源灾害分级图

　　根据研究区地下水污染源灾害分级图（图 4-3），将不同分区的属性加以统计，结果见表 4-7。

表 4-7　地下水污染源灾害分级图属性统计结果

污染源灾害等级	灾害指数 H	分区面积/km^2	占总面积的比例
低	1	278.06	52.3%
中	2	136.97	25.7%
高	3	117.11	22.0%

　　结合图 4-3 与表 4-7 可知，龙口市平原区高污染源灾害性的区域主要分布于滨海沿岸，那里工矿业发达且海水入侵现象严重，地下水污染负荷大，其面积占总面积的 22.0%；中等污染源灾害性区域主要分布于各主要河流沿岸地区及东莱街办、新嘉街办、东江镇部分地区，各类型污染源多分布于此，占总面积的 25.7%；其余区域污染源灾害性低，占总面积的一半以上，人类活动对地下水的污染负荷小。

4.3　基于 GIS 的地下水脆弱性评价

4.3.1　DRASTIC 地下水脆弱性评价方法

　　地下水脆弱性是一个相对模糊的概念，其评价方法也有多种，如水文地质背景值法、参数系统法、相关分析与数值模型法等。而参数系统法中的 DRASTIC 评价指标体系是目前地下水脆弱性评价中应用最广泛的方法。它由美国水井协会 NWWA 和美国环境保护局 USEPA 于 1987 年合作开发，集合 40 多位水文地质学专家的经验，是宏观尺度大范围区域地下水脆弱性评价的经验模型，该方法相继在美国、加拿大、南非、欧州各国成功应用并积累了丰富的经验。基于此，本研究采用 DRASTIC 参数法进行地下水脆弱性评价。

　　DRASTIC 方法选取影响和控制地下水流、污染质运移的 7 个主要参数构成该方法的脆弱性评价指标体系。它们分别是地下水埋深（D）、含水层净补给量（R）、含水层岩性（A）、土壤介质类型（S）、地形坡度（T）、包气带介质（I）、含水层水力传导系数（H）。DRASTIC 即由上述 7 个指标的英文首字母缩写组成。DRASTIC 脆弱性指数通常用数字大小来表示，它由 3 部分组成：权重、范围（类别）和评分。

101

4.3.1.1　权重

在 *DRASTIC* 模型中，每一个评价指标根据其对地下水脆弱性影响的大小，都被赋予一定的权重，权重值范围为 1～5。对地下水脆弱性最具影响的因子权重为 5，影响程度最小的因子权重为 1。DRASTIC 方法权重的赋值分为正常和农田喷洒农药两种情况，其具体权重值见表 4-8。

表 4-8　地下水脆弱性各评价指标权重

评 价 指 标	权　重	
	正常	农药
地下水埋深 D	5	5
含水层净补给量 R	4	4
含水层岩性 A	3	3
土壤介质类型 S	2	5
地形坡度 T	1	3
包气带介质 I	5	4
含水层水力传导系数 C	3	2

根据研究区的实际情况，结合后文中地下水价值评价中熵权的计算过程及其数量级，在不影响脆弱性评价结果的前提下，为统一起见，将 DRASTIC 模型正常情况下的权重进行归一化处理，并将地下水脆弱性评价中采用归一化后的权重，见表 4-9。

表 4-9　地下水脆弱性评价指标权重归一化

权重	D	R	A	S	T	I	C
w_i	5	4	3	2	1	5	3
w_j	0.22	0.17	0.13	0.09	0.04	0.22	0.13

注　w_i 为未归一化权重，w_j 为归一化后权重。

4.3.1.2　评分体系

对于每一个 DRASTIC 评价指标来说，根据其对地下水脆弱性的作用大小可以分为不同的范围（数值型指标，如 D、R、T、C）和类别（文字描述性指标，如 A、S）。对于每个指标而言，都可用评分值来量化这些数值范围和类别对脆弱性的可能影响，其评分值取值范围为 1～10。具体来说，地下水受到污染的潜在可能性越大，其评分值越大，地下水脆弱性程度越强，反之亦然。结合研究区的实际情况，各评价指标的数值范围或类型划分及其对应的评分值见表 4-10。

表 4-10 地下水脆弱性 DRASTIC 评价指标分级及评分表

地下水埋深 D		净补给量 R		含水层岩性 A		土壤介质类型 S		地形坡度 T		包气带介质 I		水力传导系数 C	
范围/m	评分	范围/mm	评分	类 别	评分	类别	评分	范围/‰	评分	类别	评分	范围/(m/d)	评分
0～1.5	10	0～50	1	玄武岩/黏土/沙砾石	2	砂/砂砾	9	0～3	9	砂岩/灰岩/页岩	1	20～40	2
1.5～4.5	9	50～100	3	凝灰岩/泥灰岩	4	含砾砂土	7	3～5	6	冲积洪积粉砂/坡积洪积粉砂	3	40～60	5
4.5～9	7	100～150	5	粉细砂	6	中细砂/粉砂	5	5～7	3	海积风成细砂	5	60～80	8
9～15	5	150～200	7	中粗砂	8	砂砾亚黏土	3			冲积平原细砂	7	80～100	10
15～22.5	3	200～250	9	砂砾石	10	砂质黏土	1			玄武岩	9		
22.5～30	2												

4.3.1.3 DRASTIC 脆弱性指数

DRASTIC 地下水脆弱性指数为以上 7 项指标的加权总和。由式（4-3）确定：

$$D_i = \sum_{j=1}^{7}(W_j R_j) \qquad (4\text{-}3)$$

式中：D_i 为 DRASTIC 脆弱性指数；W_j 为归一化后指标 j 的权重；R_j 为指标 j 的评分。

根据计算出的 DRASTIC 脆弱性指数，就可识别出各水文地质单元的地下水相对脆弱性。具有较高脆弱性指数的区域，其地下水系统相对来说越易于污染，其脆弱性相对也越高。需要特别指出的是，DRASTIC 指数并不表示地下水脆弱性的绝对大小，它提供的仅是一个相对的概念。

4.3.2 基于 GIS 的研究区地下水脆弱性评价

4.3.2.1 评价指标的参数分区

DRASTIC 系统是在已知某一特定水文地质单元的水文地质背景的情况下，评价地下水脆弱性的一种数值定级方法。该系统有两个主要部分：一是将研究区域划分为不同单元，根据当地实际资料分别确定各单元的水文地质背景；二是计算 DRASTIC 地下水脆弱性指数并对其进行综合分析。

（1）地下水埋深 D

地下水埋深指含水层上部表层到达地表的垂直距离，它决定着地表污染到达含水层之前所经历的各种水文地球化学过程，并且提供了污染物与大气中的氧接触致使其氧化的最大机会。通常，地下水的埋深越深，污染物到达含水层所需时间越长，则污染物在中途被稀释的机会就越多，含水层污染的程度也就越弱。反之，则地下水脆弱性就越强。

平原区地下水受大气降水季节、年际分配不均的影响，水位变幅较大；水位年际变化也较大。根据以往的钻孔资料及勘察研究报告来编制地下水位埋深图，并结合地下水位动态资料确定研究区地下水埋深变化规律。

采用区内 21 眼地下水位长期观测井近 9 年（2000—2008 年）的地下水位观测年平均值作为研究区地下水位，利用 Surfer 软件中的 Kriging 插值法计算其余各点的地下水位，再求出相应各点的地下水位埋深。

（2）含水层净补给量 R

净补给量是指单位面积内施加在地表并且入渗到达含水层的总水量。补给水一方面在非饱和带中垂向传输污染物，是固体和液体污染物淋滤和运移至含水层的主要载体；另一方面控制着污染物在非饱和带及饱水带的弥散和稀释作用。在通常年份，地下水的补给量往往达不到稀释污染物的程度。因此，补给量越大，地下水被污染的潜力越大，地下水脆弱性就越强；反之，地下水脆弱性就越弱。

净补给包含年平均入渗量，也需要考虑补给的分布、净补强度和持续的时间。由于净补给的精度较低，并且较 DARSTIC 的其他参数难于获得，因此净补给的评分范围比较宽泛，给用户在选择所评价区域的净补给量时留有较宽的余地。

研究区净补给量主要由降水入渗补给量、渠系渗漏补给量、河道渗漏补给量、灌溉水回归补给量组成。

1）降水入渗补给量 $Q_{降}$。大气降水入渗补给量指大气降水直接渗入补给到土壤中并在重力作用下渗透补给地下水的水量。大气降水入渗为本区浅层地下水的重要补给来源，可采用变入渗补给系数法进行计算，公式如下：

$$Q_{降} = \alpha F P \tag{4-4}$$

式中：α 为降雨入渗系数（无量纲）；F 为计算区面积，km^2；P 为年平均降雨量，mm。

龙口市平原区多年平均（1960—2007 年）降水量 580.9mm。降水入渗补给系数 α 值，根据水文地质钻探资料、多年系列降水资料和地下水长期观测资料，可利用动态分析法求得，其变化范围在 0.1～0.25。

2）渠系渗漏补给量。渠系渗漏补给量是指干渠、支渠、斗渠的渗漏补给之和。龙口市境内有全国大型灌区——王屋水库灌区，其设计灌溉面积 32 万亩，灌溉六处乡镇 127 个村。其中，区内干渠 38km，支渠 36km，斗渠 112km。由于灌渠防渗效果不甚理想，河渠水在沿途过程中损失的一部分水量补给了地下水。渠系渗漏补给量的计算公式为

$$Q_{渠} = mW_n \qquad (4-5)$$

式中：m 为渠系渗漏补给系数；W_n 为渠首引水量，m^3。

3）河道渗漏补给量。研究区内主要有黄水河、泳汶河、八里沙河等主要季节性河流。以黄水河为例，其地下水动态观测资料表明，中下游河床标高常年高于两侧地下水位，因此只要河道有水，则将补给地下水。

天然河道渗漏补给量采用以下公式计算：

$$Q_{河} = 1.128\mu hl\sqrt{at} \qquad (4-6)$$

式中：μ 为含水层给水度；t 为河道用水时间，d，根据水文观测资料，一般年份河道用水时间 60d；h 为河水位高于地下水位高度，m；l 为计算区域河道长度，m；a 为含水层压力传导系数，根据抽水试验资料计算值。

4）灌溉水回归补给量。经过渠系到达田间的灌溉水，除保证农作物生长及部分蒸发外，仍有一部分返回地下，补给地下水。该部分水量可以用下式计算：

$$Q_{回} = Q_{开采}\beta \qquad (4-7)$$

式中：$Q_{开采}$ 为农业水开采量，m^3；β 为灌溉回归系数。

根据公式 $Q_{总} = Q_{降} + Q_{渠} + Q_{河} + Q_{回}$，即可得到净补给量。

（3）含水层岩性 A

含水层中的地下水渗流受含水层介质的影响，污染物的运移路线以及运移路径的长度由含水层中水流、裂隙和相互连接的溶洞所控制。运移路径的长度决定着稀释过程，如吸附程度、吸附速度和分散程度。一般情况下，含水层介质的颗粒越粗或裂隙和溶洞越多，渗透性越大，含水层介质所具有的稀释能力越小，含水介质的污染潜势越大。根据以往钻孔资料及勘查研究报告，基本查清了含水层岩性分区及空间变化规律。研究区内地下水主要为第四系松散岩类孔隙水，为冲洪积成因。含水层呈多元结构，一般发育有 3～4 层，含水层岩性主要为砂砾岩，夹中、细砂薄层，呈松散—稍密状态，成分以石英、长石为主，砂层一般厚度 10～28m。

（4）土壤介质类型 S

土壤介质是指非饱和带最上部具有显著生物活动的部分。土壤介质对地下水的入渗补给量具有显著影响，同时也影响污染物垂直向非饱和带运移的能力。土壤的厚度、成分、结构、有机质含量、湿度等特性决定了土壤的自净能力，而土壤的自净能力又是决定地下水脆弱性的一个主要方面。一般来说，土壤层厚度越大，有机质含量越大，土壤的自净能力越强，地下水脆弱性越弱；反之，则地下水脆弱性越强。

土壤介质类型可以通过代表性钻孔资料以及土壤普查资料得到。区内土壤介质主要为砂质黏土，河道地区土壤介质为含砾砂土；滨海沿岸土壤类型为中粗砂或粉砂；黄水河流域下游涧村一带土壤介质为砂砾亚黏土；黄水河上游姜家沟——山西杨家一带、庄头——周家一带土壤介质为砂/砂砾。

（5）地形坡度 T

地形影响着土壤的形成与发育，因而影响着污染物的消减程度；地形还决定着地下水的流向与流速，因此，地形也影响着地下水的脆弱性。

研究区整体上为平原地带，各个分区地形起伏差异较小，这里将地形坡度分为三个不同等级。

（6）包气带介质 I

污染物在迁移过程的各种物理化学过程均发生在包气带内，包气带的介质类型决定着污染物的削减特性，影响着污染物的迁移时间以及污染物与岩土体之间的反应程度。有害物质在垂直入渗过程中被净化的程度主要取决于包气带黏性土的阻滞、吸附、过滤等作用。包气带介质颗粒越细、粘粒含量越高，其渗透性越差，吸附净化能力越强，污染物向下迁移能力就越弱，地下水抗污染能力越强，地下水脆弱性越弱；反之，地下水脆弱性越强。

根据以往研究区的钻孔资料及勘察研究报告，查清了研究区包气带岩性分区及其空间变化规律。研究区包气带多以粉质砂土为主，平原地带土壤中粘粒含量较高，砾石碎屑较少，颗粒较细；滨海地区土壤主要由风积、海积和河流堆积形成，颗粒级别差别不大，含有少量砾石。

（7）含水层水力传导系数 C

水力传导系数反映含水介质的水力传输性能。在一定的水力梯度下它控制着地下水的流动速率，而地下水的流动速率控制着污染物进入含水层之后在含水层内迁移的速率。水力传导系数是由含水层内空隙（包括孔隙、裂隙以及岩溶管道）的大小和连通程度所决定的。水力传导系数越大，地下水越易被污染，脆弱性越强。

影响含水层水力传导系数大小的因素很多，主要取决于含水层中介质颗粒的形状、大小、不均匀系数和水的黏滞性等，通常可通过抽水试验方法或经验估算法来确定。

4.3.2.2　地下水脆弱性评价结果

利用 MapGIS 的"空间分析"模块对地下水脆弱性的评价 DRASTIC 评价体系的各指标地下水埋深、净补给量、含水层岩性、土壤介质类型、地形坡度、包气带介质、水力传导系数分区图进行空间合并操作，消除合并过程中的微小分区后，共形成 81 个新分区。

按照公式，对各个指标进行加权计算，得到新分区的 DRASTIC 脆弱性指数，其变化范围为 2.36～7.96 之间。指数值越高的区域地下水脆弱性越强，地下水越易于受到污染，反之亦然。将研究区地下水 DRASTIC 脆弱性指数作等差间隔，对 81 个分区进行再分类，把地下水脆弱分为 5 个等级：高脆弱性、较高脆弱性、中等脆弱性、较低脆弱性、低脆弱性。龙口市平原区地下水脆弱性评价结果如图 4-4 所示。

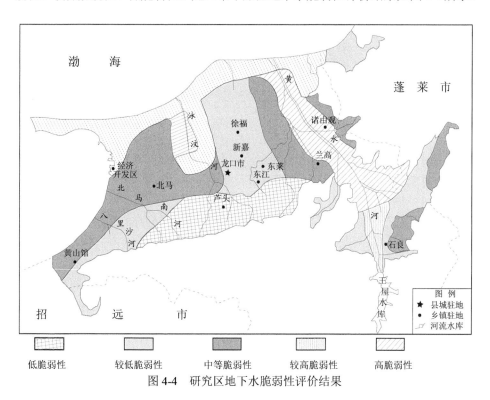

图 4-4　研究区地下水脆弱性评价结果

4.3.2.3　脆弱性评价结果分析

地下水脆弱性评价不同分区的统计结果见表 4-11。

表 4-11　地下水脆弱性评价不同分区统计结果

脆弱性指数	脆弱性程度	脆弱级别	分区面积/km²	占总面积的百分数/%
[2.36，3.48)	高	I	75.73	14.2
[3.48，4.60)	较高	II	99.06	18.6
[4.60，5.72)	中等	III	149.20	28.0
[5.72，6.84)	较低	IV	148.04	27.8
[6.84，7.96]	低	V	60.11	11.4

注　[ )和[ ]表示数的区间。

根据图 4-4 及表 4-11，结合龙口市平原区的实际情况，现将脆弱性评价结果作如下分析：

1）龙口市平原区地下水中等脆弱性的地区分布面积较大，占总面积的 28.0%；低脆弱性与高脆弱性地区的分布面积相对较小，分别占总面积的 11.3% 和 14.2%。

2）高脆弱性与较高脆弱性的地区主要分布在黄水河流域及其主要支流两岸地区、泳汶河中下游地区及北部滨海沿岸地区。这些区域上覆岩层主要为含砾砂土、中粗砂或粉细砂，土壤渗透性高；含水层多为颗粒较大的砂砾石或中粗砂，含水层水力传导系数大于 60m/d，污染物易于向下运移。而且，地下水埋深较小，净补给量大，地下水被污染的潜力大。该区域地下水自我防护能力很差，有利于污染物质的渗透和运移，易受到污染。

3）中等脆弱性地区主要分布在西部平原区的黄山馆镇、经济开发区、北马镇的大部，及黄水河流域中下游东西两侧地区，包括兰高镇、徐福镇及诸由观镇部分地区。另外，在石良镇的赵家庄—黄家庄—筐柳一带也有分布。这些区域土壤介质类型主要为砂质黏土，含水层岩性以粉细砂为主，净补给量、地下水埋深中等。

4）低与较低脆弱性的地区主要分布在龙口市平原区南部的芦头镇、东江镇及北马镇的南部一带，平原区中部的徐福镇、新嘉街办和东莱街办；以及黄水河流域上游的大张家—北张家一带、桑行—东方水吴家—于家庄一带。这些区域上覆岩层主要为冲洪积粉细砂或砂岩、页岩、灰岩，含水层岩性为粉细砂或玄武岩、黏土岩、凝灰岩，地下水埋深较大，地形坡度较大，净补给量小。该区域地下水自我防护能力较强，地下水不易受到污染。

4.4　地下水硝酸盐氮特殊脆弱性评价

4.4.1　地下水硝酸盐氮特殊脆弱性评价指标体系

4.4.1.1　地下水特殊脆弱性评价指标体系的建立

地下水特殊脆弱性的影响因素包括自然因素和人为因素。自然因素是指与地质、地貌和水文地质条件有关的影响因素。人为因素主要有污染源（污染物的种类、排放条件和物理化学性质）、地下水水质及人类活动（超采地下水、中水回灌）等。

地下水硝酸盐氮污染主要是由农业施肥引起的，结合研究区具体情况，考虑水量因素对地下水特殊脆弱性的影响，选择施氮肥量、地下水硝酸盐浓度、地下水超采区反映人类活动对地下水硝酸盐氮特殊脆弱性的影响。以此建立地下水硝酸盐氮特殊脆弱性评价指标体系，如图 4-5 所示。该评价指标体系包括 10 个指标，分别是：地下水埋深（D）、含水层净补给量（R）、含水层岩性（A）、土壤介质类型（S）、地形坡度（T）、包气带介质（I）、含水层水力传导系数（C）、施氮肥量（F）、硝酸盐氮浓度（N）、地下水超采区（O）。

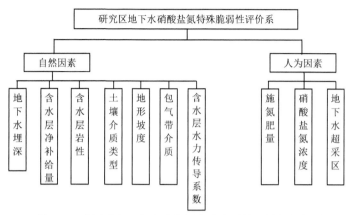

图 4-5　研究区地下水硝酸盐氮特殊脆弱性评价指标体系

4.4.1.2　评价指标介绍

平原区内地下水硝酸盐氮特殊脆弱性自然影响因素的指标同本质脆弱性。

（1）施氮肥量（F）

平原区内的农作物主要是小麦和玉米，小麦和玉米的年均施用氮肥量为10～30kg/亩，果园的施氮肥量为30～50kg/亩，氮肥的施用量越多，地下水氮污染越严重。

（2）硝酸盐氮浓度（N）

研究区内农业的迅速发展，造成了有机肥料的大量使用，从而造成了地下水氮污染，地下水硝酸盐氮的浓度这一评价指标从水质方面反映了地下水系统的脆弱性。

（3）地下水超采区（O）

对地下水特殊脆弱性的评价不仅要考虑水质因素，还要考虑水量因素。地下水超采，即地下水补给与开采的动态平衡被打破，开采量已明显超过天然补给量。这里需要有一个范围界定，开采量与补给量的关系变化直接反映在地下水的水位变化上，一个水文年和多年的水位升降上可直接了解到相应时段的动态平衡关系。一个时期的地下水超采，将表现出这一时期地下水位的持续下降，所涉及空间范围即为超采区。根据地下水资源采补状况及问题的危害程度，把地下水开采区划分为三类，即未超采区、一般超采区和严重超采区。

4.4.1.3　DRASTIC-FNO 评价指标体系的分级标准

根据各评价因子数据的取值范围，利用每个因子在平原区的分布规律，建立了研究区地下水本质脆弱性各评价指标分级标准，见表 4-12。指用 1～10 分来代替每个指标的评分区间，评分值越大，地下水脆弱性越大。

表 4-12　地下水硝酸盐氮特殊脆弱性评价因子分级标准

施氮肥量（F）		地下水硝酸盐氮浓度（N）		地下水超采区（O）	
范围/(kg/亩)	评分	范围/(mg/L)	评分	类别	评分
>30	10	>50	10	严重超采区	10
20～30	6	40～50	9	一般超采区	7
<20	2	30～40	7	未超采区	1
		20～30	5		
		10～20	3		
		<10	1		

4.4.2　地下水硝酸盐氮特殊脆弱性评价

4.4.2.1　利用 GIS 提取属性数据

利用国产软件 MapGIS 进行地下水脆弱性评价。对上述 10 个指标进行空间合并操作后，共形成了 164 个新分区。

4.4.2.2　权重的确定

在地下水脆弱性评价中，需要用权重系数来衡量各评价指标的重要程度。目前根据属性赋值中源信息的出处不同，确定权重的方法有两类：一类是主观赋权法，其源信息来自专家咨询，主要有层次分析法（AHP）、专家调查法（Delphi）等，各指标的权重由专家根据经验进行主观判断得到，其结果因受到人为因素的影响，往往会夸大或降低某些指标的作用，致使结果不能完全真实地反映事物间的现实关系。另一类是客观赋权法，其源信息来自统计数据，即根据体现在实际统计数据中的各指标之间的相关关系或各项指标值的变异程度来确定权数，避免了人为因素带来的偏差，具有较强的数学理论依据，主要有综合指数法、熵值法、离差最大化法、均方差法、主成分分析法、因子分析法、功效评分法等，但这种方法确定的权重有时会与指标实际的相对重要程度相悖。

由于这两类方法都存在各自的弊端，为了使评价结果更真实、可靠、更符合客观实际，在确定各评价指标的权重时采用主观赋权法与客观赋权法相结合的方式赋权，结合三标度层次分析法和变异系数法利用最小相对信息熵原理对评价指标进行组合赋权。

（1）权重计算模型

1）主观权重的确定方法——三标度层次分析法。层次分析法（AHP）是由美国著名运筹学家 Saaty 教授于 20 世纪 70 年代中期创立的，该方法是定量和定性分析相结合的多目标决策方法，能够有效分析目标准则体系层次间的非序列关系，有效地综合测度决策者的判断和比较，由于系统简洁、实用，在社会、经济、管理等许多方面得到越来越广泛的应用。运用层次分析法解决问题的基本步骤如图 4-6 所示。

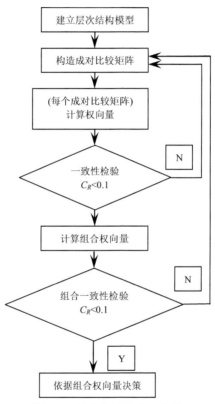

图 4-6　层次分析法基本步骤

常规的层次分析法也存在一些问题：该方法采用 1～9 标度法构建判断矩阵，而大多数指标体系既含有定性指标，又含有定量指标，当判断因素较多时，标度工作量太大，专家对其内在逻辑关系的比较难以把握，判断矩阵易出现严重的不一致现象；若不符合一致性的要求，一般凭大致的估计来调整判断矩阵，具有盲目性。三标度层次分析法避免采用九标度法构造判断矩阵，不仅降低了判断难度，使专家易于接受和操作，而且可以保证易于得到具有足够一致性的判断矩阵。

三标度层次分析法的基本步骤为：

第一步：利用三标度法建立比较矩阵 $D = (d_{ij})_{n \times m}$。将评价指标两两比较，记

D_i 和 D_j 的相对重要性为 d_{ij}：

$$d_{ij} = \begin{cases} 2, & i\text{元素比}j\text{元素重要} \\ 1, & i\text{元素和}j\text{元素同样重要} \\ 0, & i\text{元素没有}j\text{元素重要} \end{cases} \quad (4\text{-}8)$$

第二步：计算重要性排序指数 r_i

$$r_i = \sum_{j=1}^{n} d_{ij}, \quad i=1,2,\cdots,n \quad (4\text{-}9)$$

第三步：构造判断矩阵 $A = (a_{ij})_{n \times m}$

$$a_{ij} = \begin{cases} \dfrac{r_i - r_j}{r_{\max} - r_{\min}}(b_m - 1) + 1, & r_i \geqslant r_j \\[4mm] \left[\dfrac{r_i - r_j}{r_{\max} - r_{\min}}(b_m - 1) + 1 \right]^{-1}, & r_i < r_j \end{cases} \quad (4\text{-}10)$$

其中，$r_{\max} = \max\{r_i\}$，$r_{\min} = \min\{r_i\}$，$i=1,2,\cdots,n$；找出 $r_{\max}$ 和 $r_{\min}$ 所对应的 2 个基点比较要素，参照九标度判断值得到基点比较标度 b_m。

第四步：构造拟优传递矩阵。间接的判断矩阵 A 不一定满足思维判断的一致性，需要进行一致性检验。如果不能满足要求，必须重新调整其中元素的标度值，计算量大且带有一定的盲目性。因此，利用拟优传递矩阵的概念进行改进，对矩阵 A 进行变换，得到一个自然满足一致性要求的判断矩阵，直接求出权重值。

判断矩阵 $A = (a_{ij})_{n \times m}$ 是互反矩阵，求解与 A 对应的反对称矩阵 $B = \lg A$，构造矩阵 $A^* = [10^{c_{ij}}]$，其中 $c_{ij} = \dfrac{1}{n} \sum_{k=1}^{n} (e_{ik} - e_{jk})$，则矩阵 A^* 是 A 的拟优传递矩阵，且 A^* 是一致的。

第五步：计算权重。计算矩阵 A^* 的最大特征值 $\lambda_{\max}$ 及其对应的特征向量 $\omega = (\omega_1, \ \omega_2, \ \cdots, \ \omega_n)$，对 ω 进行归一化处理后，即为对应元素的权重值。

各个目标的权重为

$$\omega_i^* = \frac{\omega_i}{\sum\limits_{i=1}^{n} \omega_i}, \quad i=1,2,\cdots,n \quad (4\text{-}11)$$

2）客观权重的确定方法—变异系数法。变异系数法是一种简便的客观赋权方法，其原理是根据各评价指标数值的变异程度所反映的信息量大小来确定权重。当某项指标与特征值之间的差异性越大，该指标在综合评价中的作用越大，其权重也应越大；反之，当某项指标与特征值之间的差异性越小，该指标在综合评价中的作用越小，其权重也就越小。利用变异系数法确定权重的步骤如下：

第一步：计算第 i 项指标的均值：

$$\overline{X_i} = \frac{1}{m}\sum_{j=1}^{m} x_{ij}, \quad i=1,2,\cdots,n; \; j=1,2,\cdots,m \tag{4-12}$$

第二步：计算第 i 项指标的均方差：

$$S_i = \sqrt{\frac{1}{m}\sum_{j=1}^{m}\left(x_{ij} - \overline{x_i}\right)^2} \tag{4-13}$$

第三步：计算第 i 项指标的变异系数：

$$\delta_i = S_i / |\overline{x_i}| \tag{4-14}$$

第四步：计算第 i 项指标的权重：

$$\left.\begin{array}{l} \mu_i = \delta_i / \sum_{i=1}^{n} \delta_i \\ \sum_{i=1}^{n} \mu_i = 1 \end{array}\right\} \tag{4-15}$$

3）综合权重。根据最小信息熵原理：

$$\min F = \sum_{i=1}^{n} \omega_i (\ln \omega_i - \ln \omega_i^*) + \sum_{i=1}^{n} \omega_i (\ln \omega_i - \ln \mu_i) \tag{4-16}$$

$$\sum_{i=1}^{n} \omega_i = 1, \; \omega_i > 0, i=1,2,\cdots,n$$

用拉格朗日乘子法解上述优化问题：

$$\omega_i = \frac{(\omega_i^* \mu_i)^{0.5}}{\sum_{i=1}^{n} (\omega_i^* \mu_i)^{0.5}}, \quad i=1,2,\cdots,n \tag{4-17}$$

（2）权重计算结果

在确定特殊脆弱性各评价指标的权重时同样采用主观赋权法与客观赋权法相结合的方式赋权，结合三标度层次分析法和变异系数法利用最小相对信息熵原理对评价指标进行组合赋权。

利用三标度法确定评价指标的主观权重：

$\omega_i^* = (0.0936, 0.0555, 0.0331, 0.0203, 0.0152, 0.0936, 0.0331, 0.2498, 0.2498, 0.1559)$

利用变异系数法计算客观权重：

$\mu_i = (0.0569, 0.1062, 0.1007, 0.1005, 0.0327, 0.1530, 0.0860, 0.1059, 0.0573, 0.2007)$

根据最小信息熵原理，得到综合权重：

$W_i = (0.0805, 0.0846, 0.0637, 0.0498, 0.0246, 0.1320, 0.0588, 0.1793, 0.1319, 0.1950)$

113

4.4.2.3 地下水硝酸盐氮脆弱性模糊物元评价

目前，用于地下水脆弱性评价的方法有很多，如 DRASTIC 法、投影寻踪法、模糊综合评判法、模糊灰色评价法、人工网络评价法等，但每种方法都有自身的特点和不足。

脆弱性等级的划分是一个模糊的概念，各等级是模糊集合，而地下水脆弱性评价是一个多指标决策过程，评价标准是界限明显的量化标准。根据地下水脆弱性评价的特点，利用物元分析原理，结合欧式贴近度的概念，建立基于欧式贴近度的模糊物元模型，并利用该模型对龙口市平原区地下水脆弱性进行评价。

（1）模糊物元模型

1）模糊物元和复合模糊物元。给定事物的名称 N，它关于特征 c 有量值为 v，以有序三元 $R=(N, c, v)$ 组作为描述事物的基本元，简称物元。如果其中量值 v 具有模糊性，便称为模糊物元。如果事物 N 有 n 个特征 $(c_1, c_2, \cdots, c_n)$ 和相应的模糊量值 $(v_1, v_2, \cdots, v_n)$，称 R 为 n 维模糊物元，简记为 $R=(N, c, v)$。如果 m 个事物的 n 维物元组合在一起，使构成 m 个事物 n 维复合物元 R_{nm}。

$$R_{nm} = \begin{bmatrix} & M_1 & M_2 & \cdots & M_m \\ c_1 & x_{11} & x_{12} & \cdots & x_{1m} \\ c_2 & x_{21} & x_{22} & \cdots & x_{2m} \\ \vdots & \vdots & \vdots & & \vdots \\ c_n & x_{n1} & x_{n2} & \cdots & x_{nm} \end{bmatrix}$$

若将 R_{nm} 的量值改写为模糊物元量值，称为 m 个事物 n 维复合模糊物元，记作 $\tilde{R}_{nm}$。即

$$\tilde{R}_{nm} = \begin{bmatrix} & M_1 & M_2 & \cdots & M_m \\ c_1 & u_{11} & u_{12} & \cdots & u_{1m} \\ c_2 & u_{21} & u_{22} & \cdots & u_{2m} \\ \vdots & \vdots & \vdots & & \vdots \\ c_n & u_{n1} & u_{n2} & \cdots & u_{nm} \end{bmatrix}$$

式中：R_{nm} 为 m 个事物的 n 维复合物元；M_j 为第 j 个事物 $(j=1,2,\cdots,m)$；c_i 为第 i 个特征 $(i=1,2,\cdots,n)$；x_{ij} 为第 i 个事物第 j 个特征对应的量值 $(i=1,2,\cdots,n; j=1,2,\cdots,m)$；$\tilde{R}_{nm}$ 为 m 个事物的 n 维复合模糊物元；u_{ij} 为第 i 个事物第 j 个特征对应的模糊量值 $(i=1,2,\cdots,n; j=1,2,\cdots,m)$，即隶属度。

2）从优隶属度。各单项指标相应的模糊值从属于标准方案各对应评价指标相应的模糊量值隶属程度，称为从优隶属度。从优隶属度一般为正值，由此建立的原则，称为从优隶属度原则。由于各评价指标特征值对于方案评价来说，有的是越大越优，有的是越小越优，因此，对于不同的隶属度分别采用不同的计算公式。

从优隶属度可采用如下形式计算：

越大越优型：

$$u_{ij} = x_{ij} / \max x_{ij} \qquad (4-18)$$

越小越优型：

$$u_{ij} = \min x_{ij} / x_{ij} \qquad (4-19)$$

式中：$\max x_{ij}$ 和 $\min x_{ij}$ 分别为各事物中每一项特征所有量值 x_{ij} 中的最大值和最小值。

3）标准模糊物元与差平方复合模糊物元。标准模糊物元 R_{0n} 是指复合模糊物元 $\tilde{R}_{nm}$ 中各评价指标从优隶属度的最大值或最小值。

若以 Δ_{ij} 表示标准模糊物元 R_{0n} 与复合模糊物元 $\tilde{R}_{nm}$ 中各项差的平方，则组成差平方复合模糊物元 R_{Δ}。

$$R_{\Delta} = \begin{bmatrix} & M_1 & M_2 & \cdots & M_m \\ c_1 & \Delta_{11} & \Delta_{12} & \cdots & \Delta_{1m} \\ c_2 & \Delta_{21} & \Delta_{22} & \cdots & \Delta_{2m} \\ \vdots & \vdots & \vdots & & \vdots \\ c_n & \Delta_{n1} & \Delta_{n2} & \cdots & \Delta_{nm} \end{bmatrix}$$

对越大越优型指标：$\Delta_{ij} = (\mu_{ij} - 1)^2$

对越小越优型指标：$\Delta_{ij} = (1 - \mu_{ij})^2$

4）欧式贴近度和综合评价。贴近度是指被评价方案与标准方案两者相互接近的程度，其值越大表示两者越接近，反之则相离较远。可用于两物元贴近度计算的公式有多种，考虑到本研究的具体评价意义，采用欧式贴近度 ρH_i 作为评价标准，则

$$\rho H_i = 1 - \sqrt{\sum_{i=1}^{n} \omega_i \Delta_{ij}}, \quad i=1,2,\cdots,n \qquad (4-20)$$

由此构建欧式贴近度复合模糊物元 $R_{\rho H}$，即

$$R_{\rho H} = \begin{bmatrix} & M_1 & M_2 & \cdots & M_m \\ \rho H_i & \rho H_1 & \rho H_2 & \cdots & \rho H_m \end{bmatrix} \qquad (4-21)$$

根据计算出的贴近度即可实现对各评价方案的类别划分。

（2）模型计算结果

根据模糊物元模型，对 164 个新分区进行模糊物元评价，将研究区的脆弱性等级分为三级：低脆弱性、中等脆弱性和高脆弱性，求出贴近度 $R_{\rho H}$。

由贴近度最近原则，确定新分区的脆弱性等级，见表 4-13。利用模糊物元模

型得到新分区的地下水特殊脆弱性评价结果如图 4-7 所示。

表 4-13 新分区的脆弱性等级

高脆弱性	0.1441
中等脆弱性	0.2291
低脆弱性	0.5428

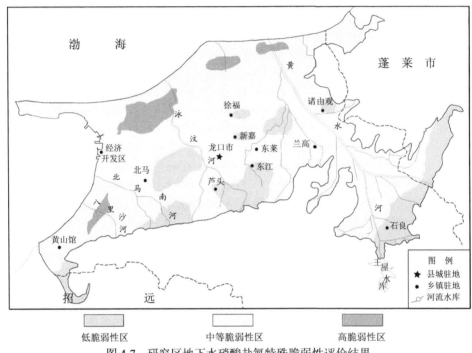

图 4-7 研究区地下水硝酸盐氮特殊脆弱性评价结果

4.4.2.4 地下水硝酸盐氮特殊脆弱性评价结果分析

分析评价结果可以得到以下结论：

1）硝酸盐氮特殊脆弱性高的地区主要分布在研究区的北部，包括诸由观镇的北部、徐福镇的北部、龙港街道办事处的北部和西部。这些地区地处研究区沿海超采区，种植的作物多为果树，施氮肥量相对较多，地形坡度较小，地下水埋深较浅，包气带岩性基本为较粗颗粒，含水层岩性多为砂砾石和含泥砂砾石，含水层渗透系数较大，有利于硝酸盐氮向下迁移，对污染物的阻止作用很弱，在各种因素的综合作用下，地下水硝酸盐氮特殊脆弱性表现为高脆弱性。

2）硝酸盐氮特殊脆弱性低的区域主要分布在乡镇驻地及南部的山前台地。这些区域多为建设用地和林地，氮肥的施用量相对较小，硝酸盐氮的浓度较低，地形坡度相对较大，地下水埋深较深，降雨入渗补给系数较小，含水层岩性较为复杂，主要有粉砂、玄武岩、黏土岩、变质岩以及火成岩等，包气带岩性较好，颗粒较小，可以有效阻止污染物向下迁移，综合考虑各种因素，这部分地区的硝酸盐氮特殊脆弱性表现为低脆弱性，属于地下水不容易受到硝酸盐氮污染的区域。

3）地下水硝酸盐氮特殊脆弱性中等地区分布面积相对较大，占研究区面积的77%。这部分区域地处地下水未超采区，地下水埋深和降雨入渗补给系数均适中，含水层岩性和以粉质黏土为主，土壤类型以粉砂为主，包气带岩性以粉质黏土为主，农田和果园均有分布，地下水虽然有一定的阻止硝酸盐氮运移的能力，但仍属于容易受到污染的区域，地下水硝酸盐氮特殊脆弱性表现为中等。

4.5 基于熵权的地下水价值模糊评价

地下水难以定价，因而，各国对地下水经济效益的分析评价工作进行的较少，以致长期以来管理部门在制定决策时没有充分认识到地下水的价值，或者对其保护的意识还比较淡薄。目前，大多数地下水价值方面的研究仅仅局限于开采地下水带来的有限的供水价值，还没有对其生态价值和开采价值进行全面的评价。事实上，认识和定量评价地下水的总价值对于地下水开发和管理的经济效益分析十分必要。

地下水的总价值由"开采价值"和"原位价值"两部分组成。地下水的"开采价值"可以用地下水生活供水、工业供水、商业供水和农业供水产生的经济效益确定。地下水的"原位价值"，主要是指地下水赋存在含水层中，维持在对地表水供水周期性缺水的调节、预防或减少地面沉降、保护地下水水质、防止海水入侵、维持生物多样性等方面的功能。

以地下水总价值组成的两个方面作为分析的基本框架，结合研究区的具体情况，选取合理的指标体系，建立熵权模糊评价模型，并基于 MapGIS 和 MATLAB 软件，进行地下水价值评价。

4.5.1 地下水价值熵权模糊评价模型

地下水价值难以确定，原因在于进行地下水价值评价的信息、资料并不完善。市场交易可以为评价过程提供可用的数据，但是，并不是地下水的所有功能都经过市场的交易。于是，在详细分析了现有资料的基础上，结合研究区的实际情况，选取合理的指标，建立了地下水价值熵权模糊评价模型。

模型中，地下水价值指数（V）的确定，主要取决于各单项指标的评分（rating）及其权重（weight）两部分内容。

4.5.1.1 评价指标的选取及原因分析

（1）评价指标的选取

进行地下水价值评价时，指标体系的选取十分重要。只有选取合理的指标体系，准确提取各指标的性状参数并赋予其科学的评价标准，才能使评价结果真实、客观。

通过文献调研、经验借鉴和专家咨询相结合的方法，根据评价指标选取时应遵循的代表性、可定量性、独立性和简易性原则，以地下水的开采价值和原位价值为分析基本框架建立的评价指标体系如图 4-8 所示。

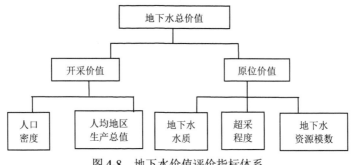

图 4-8 地下水价值评价指标体系

（2）指标体系选取的原因分析

上述指标选取的理由与依据如下：

1）开采价值。

a. 人口密度。人口密度是单位面积土地上居住的人口数。它是表示世界各地人口的密集程度的指标。通常以每平方公里或每公顷内的常住人口为计算单位。

人类生存离不开水资源。人类是工业和农业生产、生活、商业活动的主体。人口密度的增加直接导致需水量的增加，加剧地下水的供需矛盾。一般情况下，人口密度越大，地下水的开采价值越大。

b. 人均地区生产总值。人均地区生产总值常作为经济学中衡量经济发展状况的指标，是重要的宏观经济指标之一，它是人们了解和把握一个地区的宏观经济运行状况的有效工具。将一个地区核算期内（通常是一年）实现的地区生产总值与这个地区的常住人口（目前使用户籍人口）相比进行计算，即可得到人均地区生产总值。

地下水在经济生活中用途广泛，它作为一种生产要素参与生产，因此它也创造新的价值。地下水是一种自然资源，也是一种经济资源，现代经济的发展已充分地说明了这一点。人均地区生产总值无疑地包含了地下水生产要素参与的价值创造。

2）原位价值。

a. 地下水水质。水质是水体质量的简称，它标志着水体的物理、化学、生物的特征及其组成的状况，它是水体环境自然演化过程和人类在集水区域内活动程度的反映。

在《地下水质量标准》（GB/T14848—93）中，依据地下水水质现状、人体健康基准值及地下水质量保护目标，可将地下水质量划分为五类：Ⅰ类主要反映地下水化学组分的天然低背景含量，适用于各种用途；Ⅱ类主要反映地下水化学组分的天然背景含量，适用于各种用途；Ⅲ类以人体健康基准值为依据，主要适用于集中式生活饮用水水源及工、农业用水；Ⅳ类以农业和工业用水要求为依据，除适用于农业和部分工业用水外，适当处理后可作生活饮用水；Ⅴ类不宜饮用，其他用水可根据使用目的选用。

地下水质不同，其功能也随之不同。好的水质功能多样，原位价值高；差的水质则功能单一，甚至失去原有功能变为废水，原位价值低。

b. 超采程度。《地下水超采区评价导则》（SL286—2003）中规定：地下水超采区是指某一范围内，在某一时期，地下水开采量超过地下水可开采量，造成地下水位持续下降的区域；或指某一范围内，在某一时期，因开发利用地下水，引发了环境地质灾害或生态环境恶化的现象的区域。

例如，地下水超采严重的地区，地面沉降现象较为常见，对基础设施造成了严重的破坏，如地基、道路、下水道及输水管线等；而且，地下水严重超采会引起地下水水质的恶化，影响到水生生态物种，尤其是水生濒危物种的生存；过度开采也会引起地层的塌陷，永久性地改变含水层的储水能力。因此，地下水超采程度越大的地区，地下水在预防地面沉降、维持生态系统多样性等方面起的作用越小，地下水的原位价值越低。

c. 地下水资源模数。地下水天然资源量是指受天然水文周期控制的呈现规律变化的地下水多年平均补给量，而单位面积的地下水天然资源量即为地下水资源模数。

地下水资源模数是评价一个地区地下水丰富程度的重要指标。地下水价值与地下水量之间存在着不可分割的必然联系。"物以稀为贵"，它正通俗地说明了价值与量的关系。地下水资源模数越小，地下水价值越高。

4.5.1.2 单因素评分值计算

每一个评价指标对地下水价值的可能影响，都可以用评分值来相对定量地表示。地下水价值系统是一个复杂的系统，同时它还是一个模糊系统。地下水价值高低以及影响其价值的诸多因素，如水质的好坏、地下水丰富程度等，都具有很大的不确定性，属于模糊事件。因此，评分值可采用模糊数学的方法加以计算。
步骤如下：

第一步：评价标准的建立。对各评价指标，要用评语集来衡量地下水价值的
高低，常用 $Z = [z_1, z_2, \cdots, z_m]$ 来表示。其中，z_i 为表示各种可能结果的评语或分值。
根据实际情况，将地下水价值分为 5 个等级，即 $Z = [$高，较高，中等，较低，低$]$。
各单项指标的评价标准也即相应地确定。

第二步：单因子隶属度的计算。按每一因素的实际数值，分别求出各单因子
对分级标准的隶属度。隶属度用隶属函数来表示，它只能在区间[0，1]连续取值，
以隶属度表达隶属资格时，隶属度数值愈大，隶属资格愈高。在隶属度函数的确
定方面，应用最多的是一次模型，即模糊分布为降半梯形分布。隶属度计算公式
如下：

$$r_{i1}(x) = \begin{cases} 1, x \leqslant x_{i1} \\ \dfrac{x - x_{i1}}{x_{i1} - x_{i2}}, x_{i1} < x < x_{i2}，j=1 \\ 0, x \geqslant x_{i2} \end{cases} \qquad (4\text{-}22)$$

$$r_{ij}(x) = \begin{cases} \dfrac{x - x_{i,j-1}}{x_{i,j} - x_{i,j-1}}, x \leqslant x_{i,j} \\ \dfrac{x - x_{i,j+1}}{x_{i,j+1} - x_{i,j}}, x_{i,j} < x < x_{i,j+1}，j=2，3，4 \\ 0, x \geqslant x_{i,j+1} 或 x \leqslant x_{i,j-1} \end{cases} \qquad (4\text{-}23)$$

$$r_{i5}(x) = \begin{cases} 0, x \leqslant x_{i,\,n-1} \\ \dfrac{x - x_{i,n-1}}{x_{i,n} - x_{i,n-1}}, x_{i,n-1} < x < x_{i,n}，j=5 \\ 1, x \geqslant x_{i,n} \end{cases} \qquad (4\text{-}24)$$

式中：x 为某一指标的实际值；x_{ij}、$x_{i,j}+1$ 为指标 i 的相邻两级分级标准值；r_{ij} 为 i
指标对第 j 级分级标准的隶属度。

于是，可以计算得到单因子隶属度向量 $R_i = (r_{i1}, r_{i2}, r_{i3}, r_{i4}, r_{i5})$

第三步：单因子评分值的计算。为了便于评价，分别对各指标 5 个不同等级
赋予标准分值 9、7、5、3、1，即评分标准值向量为 $F = (9, 7, 5, 3, 1)$。

令指标 i 的单因子评分值为

$$rating_i = R_i F' \qquad (4\text{-}25)$$

由于隶属度 $0 \leqslant r_{ij} \leqslant 1$，可知 $1 \leqslant rating_i \leqslant 9$。

4.5.1.3 熵权的确定

权重是因素重要程度的表示，其合理性直接影响着评价结果的准确性。通常权重的确定方法有主观赋权法和客观赋权法两种。主观赋权法如综合指数法、德尔菲法等，它们是依据研究者的实践经验和主观判断来确定；客观赋权法如主成分分析法、因子分析法、熵权法等，则是依据指标反映的客观信息来反映其相对重要程度。为尽量减少主观因素对各指标相对重要程度的影响，本文采用熵权法计算权重。

熵（Entropy）的概念源于热力学，用来描述离子或分子运动的不可逆现象，后在信息论中度量事物出现的不确定性，近年来在工程技术、经济研究中得到应用，是一种多目标决策的有效方法，其定义如下：熵是系统状态不确定性的一种度量，当系统可能处于 n 种不同状态且每种状态出现的概率为 $p_i (i=1, 2, \cdots, n)$ 时，该系统的熵为

$$E = -\sum_{i=1}^{n} p_i \ln p_i \qquad (4\text{-}26)$$

其中，p_i 满足 $0 \leqslant p_i \leqslant 1$；$\sum_{i=1}^{n} p_i = 1$。

熵的基本性质主要有"可加性"和"非负性"等。可加性是指系统的熵等于其各个状态熵之和，非负性是指系统处于某种状态的概率 $p_i \geqslant 0$，即系统的熵总是非负的。

熵权法现被许多学者用来作为多元综合评价中权重的确定方法。一般地，决策中某项指标的指标值变异程度越大，信息熵越小，该指标提供的信息量越大，该指标的权重也应越大；反之，若某项指标的指标值变异程度越小，该指标的权重也应越小。熵权的计算步骤如下：

第一步：设有 n 个待评价的样本（叠加分区），反映各分区价值评价的指标有 m 个，则根据实测数据可构造评价指标特征值矩阵 X：

$$X_{ij} = \begin{bmatrix} x_{11} & x_{12} & \cdots & x_{1m} \\ x_{21} & x_{22} & \cdots & x_{2m} \\ \vdots & \vdots & & \vdots \\ x_{n1} & x_{n2} & \cdots & x_{nm} \end{bmatrix}, \ i=1,2,\cdots,n; \ j=1,2,\cdots,m \qquad (4\text{-}27)$$

式中：x_{ij} 为第 i 个样本的第 j 项指标的特征值。

第二步：由于参与评价的地下水价值评价模型中各项指标有越大越优型和越大越小型，因此，需对矩阵式（4-27）中的特征值进行归一化处理，方法如下：

$$r_{ij} = \frac{x_{ij} - \min(x_j)}{\max(x_j) - \min(x_j)}, \quad 越大越优型$$
$$r_{ij} = \frac{\max(x_j) - x_{ij}}{\max(x_j) - \min(x_j)}, \quad 越小越优型$$

（4-28）

式中：r_{ij} 为第 i 个样本的第 j 项指标对价值大小的相对隶属度；$\max(x_j)$、$\min(x_j)$ 为指标 j 中的最大、最小值。对各指标进行归一化处理，得到相对隶属度矩阵 R：

$$R_{ij} = \begin{bmatrix} r_{11} & r_{12} & \cdots & r_{1m} \\ r_{21} & r_{22} & \cdots & r_{2m} \\ \vdots & \vdots & & \vdots \\ r_{n1} & r_{n2} & \cdots & r_{nm} \end{bmatrix}$$

（4-29）

第三步：计算第 j 个评价指标下第 i 个待评价样本评价指标特征值比重：

$$p_{ij} = r_{ij} / \sum_{i=1}^{n} r_{ij}$$

（4-30）

第四步：计算第 j 个评价指标的熵：

$$e_j = -\frac{1}{\ln(m)} \sum_{i=1}^{n} p_{ij} \ln(p_{ij})$$

（4-31）

第五步：计算第 j 个评价指标的权重：

$$weight_j = (1 - e_j) / \sum_{j=1}^{m} (1 - e_j)$$

（4-32）

可见，利用熵值法计算各指标的权重，其本质是利用该指标信息的价值系数来计算。价值系数越高，对评价的重要性就越大（或称对评价结果的贡献越大）。

4.5.1.4　地下水价值指数计算

令地下水价值指数为由图 4-8 中所示的 5 个指标的加权总和，即

$$V_i = \sum_{j=1}^{5} rating_j \cdot weight_j$$

（4-33）

式中：V_i 为价值指数；$rating_j$ 为指标 j 的单因子评分；$weight_j$ 为指标 j 的熵权。

价值指数越高，地下水的价值相对越高。根据计算出的指数值，就可以识别出不同价值地下水的分布情况。当然，这里的价值指数提供的仅是相对的概念，并不表示地下水价值的绝对大小。

4.5.2　基于 GIS 与 MATLAB 的地下水价值评价

以 2007 年为基准年，在充分考虑研究区实际情况的基础上，分别建立各评价指标的模糊评价标准。应用 MATLAB 软件进行编程，实现单因子评分、熵权及价

值指数的计算。再基于 MapGIS 软件，得到各评价指标的参数分区及价值评价结果。

4.5.2.1 模糊评价标准的建立

（1）人口密度

龙口市平原区地处胶东半岛，隶属于烟台市。结合研究区的实际情况，以烟台市所辖的 12 个县（市、区）的人口密度分布为依据，建立模糊评价标准，见表 4-14。

表 4-14 人口密度模糊评价标准

地下水价值	高	较高	中等	较低	低
人口密度	大	较大	中等	较小	小
标准值/(人/km²)	1000	800	600	400	200

（2）人均地区生产总值

该指标模糊评价标准的建立仍然以烟台市所辖的 12 个县（市、区）的人均地区生产总值为依据，见表 4-15。

表 4-15 人均地区生产总值模糊评价标准

地下水价值	高	较高	中等	较低	低
人均地区生产总值	大	较大	中等	较小	小
标准值/元	80000	65000	50000	35000	20000

（3）地下水水质

地下水水质模糊评价标准依据《地下水质量标准》（GB/T14848—93）建立，该标准规定了地下水的质量分类、地下水质量监测、评价方法和地下水质量保护，是地下水勘查评价、开发利用和监督管理的依据。评价标准见表 4-16。

表 4-16 地下水水质模糊评价标准

地下水价值	高	较高	中等	较低	低
地下水水质	好	较好	中等	较差	差
标准	I 类	II 类	III 类	IV 类	V 类

（4）超采程度

《地下水超采区评价导则》（SL286—2003）对地下水超采区范围的划定、对地下水超采区进行分类和分级、在地下水超采区实施动态监测、调查和评价及资料整编，作了详细的技术规定。该导则中，定义地下水年均超采系数为：

$$k = \frac{Q_{开} - Q_{可开}}{Q_{可开}} \tag{4-34}$$

式中：k 为年均地下水超采系数；$Q_{开}$ 为地下水开发利用时期内年均地下水开采量，万 m³；$Q_{可开}$ 为地下水开发利用时期内年均地下水可开采量，万 m³。它是指经济合理、技术可能和利用后不造成地下水位持续下降、水质恶化、地面沉降等环境地质问题和不对生态环境造成不良影响的情况下，允许从含水层中取出的最大水量。

本研究以该导则为指导，结合研究区的实际情况，建立超采程度模糊评价标准，见表 4-17。

表 4-17 超采程度模糊评价标准

地下水价值	高	较高	中等	较低	低
地下水超采程度	未超采	临界超采	一般超采	严重超采	极严重超采
超采系数 k	−0.1	0	0.1	0.3	0.35

（5）地下水资源模数

地下水资源模数的分布规律与降水的分布规律基本一致。由于受多种因素综合影响，山东省地下水地区分布差异较大，全省平均地下水资源模数为 16.3 万 m^3/km^2。考虑到龙口市平原区位于山东半岛内，其自然地理、水文地质等条件与半岛内其他平原地区有着较大的相似性，故多年平均地下水资源模数的评价标准的制定以山东半岛内平原区的数据资料为依据。

平原区多年平均地下水资源模数的分布，按水资源分区，胶东半岛区（平原区）最大，为 21.52 万 $m^3/(km^2 \cdot a)$，胶莱大沽区（平原区）最小，为 12.02 万 $m^3/(km^2 \cdot a)$；按行政分区，日照市平原区最小，为 1.9 万 $m^3/(km^2 \cdot a)$，烟台市平原区最大，为 21.7 万 $m^3/(km^2 \cdot a)$。模糊评价标准见表 4-18。

表 4-18 地下水资源模数模糊评价标准

地下水价值	高	较高	中等	较低	低
地下水资源模数	小	较小	中等	较大	大
标准值/[万 $m^3/(km^2 \cdot a)$]	5	10	15	20	25

4.5.2.2 评价指标的参数分区

利用 MapGIS 的属性管理与空间分析模块，对各评价指标进行参数分区。

（1）人口密度

研究区 2007 年末总人口约为 58.76 万人，平均人口密度约 791 人/km²。各乡镇人口密度分布很不均匀，其中，黄山馆镇人口密度最小，约 376 人/km²；人口密度最大的是东莱街道办事处，约 3375 人/km²，其次为龙口经济开发区，约 1442 人/km²。

（2）人均地区生产总值

2007 年平原区人均地区生产总值为 5.86 万元/人，高于烟台市其他县（市、区）的平均水平。但是，各镇人均地区生产总值相差较大，其中，东江镇最高，为 13.25 万元/人；七甲镇最低，为 1.63 万元/人，前者是后者的 8 倍多，这与东江镇繁荣的经济发展是分不开的。

（3）地下水水质

根据龙口市平原区 80 组水质分析资料，选取评价指标包括氯化物、硫酸盐、总硬度、细菌总数、硝酸盐氮、溶解性铁、氟化物、挥发酚、氰化物、砷、汞、六价铬、铜、铅、锌、镉、锰、溶解性总固体、高锰酸钾指数、氨氮、亚硝酸盐氮共 21 项，进行地下水水质评价。

地下水水质评价采用模糊综合评判方法，它是对受多种因素影响的事物做出全面评价的一种十分有效的多因素决策方法。评价标准依据《地下水质量标准》进行，将地下水水质分为 I 类、II 类、III 类、IV 类、V 类共 5 个类别。计算步骤如下：

1）模糊关系矩阵的建立。隶属函数的确定仍然采用降半梯形法，其函数表达式如式（4-35）～式（4-37）所示。于是，可得模糊关系矩阵为

$$R = \begin{bmatrix} r_{11} & r_{12} & \cdots & r_{15} \\ r_{21} & r_{22} & \cdots & r_{25} \\ \vdots & \vdots & & \vdots \\ r_{n1} & r_{n2} & \cdots & r_{n5} \end{bmatrix} \tag{4-35}$$

这里，$n=80$。

2）权重的确定。污染因子的权重系数是衡量参加评价的各污染因子对水体环境质量影响的大小，分别赋予不同的权重，采用污染贡献率计算方法求单因子权重系数，计算式为

$$w_i = \frac{x_i / c_{0i}}{\sum\limits_{i=1}^{n} x_i / c_{0i}} , \quad i=1, 2, 3, \cdots, n \tag{4-36}$$

式中：x_i 为第 i 种评价指标的实测浓度；c_{0i} 为第 i 种污染因子的分级基准值，这里采用《地下水质量标准》中的三级标准，也可以根据评价的目的选择其他的标准，但要注意其通用性和可比性。

于是，单因素权重向量为 $W = (w_1, w_2, w_3, \cdots, w_n)$。

3）综合评判。模糊综合评判即是模糊矩阵的复合运算。综合评判的结果 B 是通过单因素权重矩阵 W 和模糊关系矩阵 R 做复合运算得到的。即：$B = W \times R$。

为了依权重大小均衡兼顾所有因素，这里的复合运算采用加权平均算法，即

$$b_j = \sum_{i=1}^{n} w_i r_{ij} , \quad j=1, 2, \cdots, 5 \tag{4-37}$$

故模糊综合评判结果为 $B = (b_1, b_2, b_3, b_4, b_5)$，按照隶属度最大原则，模糊综合指数为 $b_0 = \max(b_j)$，$j=1, 2, \cdots, 5$。利用 MATLAB 软件，编写相应的程序代码，并在 MATLAB6.1 版本上编译通过，得到地下水水质模糊综合评判结果。

（4）超采程度

地下水由于具有分布广、采用方便、水质优、利用成本低等特点，是龙口市

经济社会发展的重要供水水源。龙口市城市供水的 67%取自地下水,主要开采平原区第四系松散层中的孔隙潜水。

研究区取用地下水已有悠久的历史。近 30 年来,龙口市在建筑地下取水工程上进行了大量的投入,建有地下水库两座:黄水河下游建有黄水河地下水库,总库容 5359 万 m^3;八里沙河中游建有小型地下水库一座,兴利库容 35.5 万 m^3。全市有机电井 7368 眼,大口井 573 眼,企业自备水井 320 眼,这些井多为潜水井,单井出水能力在 10~60m^3/h。平原区平均每平方公里有机井 17 眼,机井密度较大,地下水的开发程度比较高,地下水已处于超采状态。

（5）地下水资源模数

由于地形条件不同,地层岩性不同,其地下水赋存条件也不同,水资源量分布差别较大。根据研究区水利工程供水特征及用水分布特征,以乡镇行政区域不被分割的原则,将研究区地下水资源分为 5 个区:黄城区、开发区、东部井灌区、东部井渠双灌区和西部平原区。

平原区地下水资源量主要包括降水入渗补给量、河道及地表水体渗漏补给量、山前侧渗补给量、渠灌入渗补给量及排泄入海量。东部井灌区在沿海一带筑有地下挡水坝截堵潜流,排泄入海量可不计。潜水蒸发量极限埋深为 3m,各分区地下水埋深一般都大于 3m,本次计算对此量忽略不计。地下水资源量计算所用参数及各分区地下水资源模数计算结果见表 4-19。

表 4-19　分区系数及水资源模数计算结果表

参　数	黄城区	开发区	东部井灌区	东部双灌区	西部平原区
降雨入渗系数	0.08	0.09	0.17	0.18	0.16
灌溉回归系数	0.18	0.20	0.20	0.21	0.12
渠道渗漏系数	0.20	0	0	0.18	0
地下水资源量/万 m^3	640.48	282.36	2947.82	3224.47	3506.80
面积/km^2	28.24	41.10	90.73	105.10	266.07
地下水资源模数/[万 m^3/(km^2·a)]	22.68	6.87	32.49	30.68	13.18

4.5.2.3　地下水价值评价过程

依据上述建立的地下水价值评价模型,利用 MATLAB 软件编译相应的程序代码,计算各指标不同分区的评分值及各指标的熵权。得到人口密度、人均地区生产总值、地下水水质、超采程度、地下水资源模数各指标的熵权向量为（0.1969,0.2179,0.2095,0.1669,0.2088）。

利用 MapGIS 的地图编辑功能,对研究区地下水价值评价的各个指标分区进行数字化,使其可以进行编辑。对各个指标分区图分别进行配准后,把每个指标的评分值赋予其相应的属性参数中，再利用 MapGIS 的"属性库管理"模块，就可以清楚地对各个指标分区图进行显示和编辑。

最后，使用 MapGIS"空间分析"模块中的叠加分析功能对人口密度、人均地区生产总值、地下水水质、超采程度、地下水资源模数各指标分区图进行空间合并操作，消除合并过程中形成的无意义的微小分区。

对上述 5 个指标进行空间合并操作后，共形成 50 个新分区。依据式（4-33），对各个指标的单因子评分进行加权计算，得到各分区的地下水价值指数。

研究区地下水价值指数的范围在 3.39～7.44 之间。根据地下水价值指数值，可识别出研究区地下水价值的高低。指数值越高的区域，地下水价值越高，反之亦然。但是，需要指出的是，如脆弱性指数一样，价值指数的大小是相对的，并不表示地下水价值的绝对大小。

结合平原区的实际情况，将价值指数作等差间隔，对 50 个小分区进行再分类，把地下水价值分为 5 个等级：高价值区，较高价值区，中等价值区，较低价值区，低价值区。龙口市平原区地下水价值评价结果如图 4-9 所示。

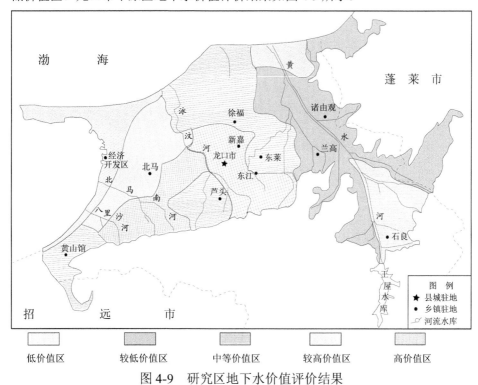

图 4-9　研究区地下水价值评价结果

4.5.2.4　评价结果分析

将地下水价值评价不同分区属性的结果加以统计，见表 4-20。

表 4-20　地下水价值评价不同分区的属性统计结果

价值总评分值	地下水价值	分区面积/km²	占总面积的比例/%
(6.63，7.44]	高	97.18	18.3
(5.82，6.63]	较高	57.06	10.7
(5.01，5.82]	中等	140.20	26.3
(4.20，5.01]	较低	139.02	26.1
[3.39，4.20]	低	98.68	18.5

注　( ]和[ ]表示数的区间。

根据图 4-9 及表 4-20，结合研究区的实际情况，现将地下水价值评价结果作如下分析：

1）研究区内平原区地下水价值中等与较低的地区分布面积较大，分别占总面积的 26.3%和 26.2%；低价值与高价值地区的分布面积次之，分别占总面积的 18.5%和 18.3%；较高价值区占总面积的比例最小，为 10.7%。

2）低价值区和较低价值区主要分布在黄水河流域及其支流两岸地区、经济开发区及黄山馆镇滨海沿岸。黄水河流域人口密度低，小于 600 人/km²；水资源量丰富，地下水资源模数高于 30 万 m³/(km²·a)。流域中上游地区人均地区生产总值也相对较低，表明地下水作为生产要素参与生产创造的新价值较少；黄水河地下水库板墙下游地区及经济开发区、黄山馆镇滨海沿岸超采现象严重，已引起海水入侵，生态环境遭到破坏，同时，水质很差，为Ⅴ类水，地下水环境遭到严重污染，地下水大多功能丧失。

3）中等价值区主要分布在芦头镇、黄山馆镇、新嘉街办和徐福镇一带。这些地区人口密度中等偏小，人均地区生产总值中等偏高，地下水水质满足Ⅲ类水标准，地下水超采程度较小，基本未超采。

4）高价值区和较高价值区主要分布在龙口市中西部平原区，包括北马镇、新嘉街办、东江镇、东莱街办的全部或部分地区。这些地区人均生产总值较高，大于 65000 元/人，地下水作为生产要素参与工业、农业、商业等生产活动创造的新价值高；东莱街办与东江镇的人口密度很高，高达 800 人/km² 以上，加剧了地下水的供需矛盾；该区域水质总体较好，北马一带更是达到了Ⅱ类水标准，地下水功能多样；地下水资源模数较小，地下水较为缺乏。

4.6　地下水污染风险评价

4.6.1　地下水污染风险评价过程

地下水污染风险定义为地下水污染的概率与污染后果之乘积。在分析了引起地下水污染风险的 3 方面因素——地下水人类活动对地下水产生的污染负荷的影响、含水层系统固有的抵御污染的能力以及污染受体（地下水系统）价值功能的变化后，用地下水污染源的灾害分级结果代替地下水污染的概率，用地下水脆弱性图与地下水价值图的合并结果—地下水的保护紧迫性图，取代地下水污染的后果。地下水污染风险性高指高价值的地下水资源将会受到灾害高的污染源的污染。因此地下水污染风险评价需要编制 3 张基础图件：地下水脆弱性图、地下水价值图和地下水污染源灾害分级图，其评价流程如图 4-10 所示。

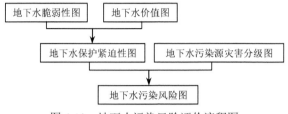

图 4-10　地下水污染风险评价流程图

　　首先由地下水脆弱性图和地下水价值图叠加生成地下水保护紧迫性图。易于受到污染的高价值地下水需要保护的紧迫性越高；反之，不易受污染的价值低的地下水需要保护的紧迫性越低。例如，地下水供水水源地一般位于含水层补给条件好且导水能力强的部位，因此地下水易受污染且价值高，需要划定水源保护区加以保护。叠加地下水保护紧迫性图与地下水污染源灾害分级图得到地下水污染风险分区图。如果在地下水保护紧迫性高的地区存在有害的地下水污染源，则该区地下水污染风险高，需要对地下水污染源进行优先治理。

　　基于上述风险评价理论，为定量化地表示污染风险的相对大小，设地下水污染风险指数为 R，令

$$R = (D+V)H \tag{4-38}$$

式中：D 为地下水脆弱性指数；V 为地下水价值指数；$D+V$ 为地下水保护紧迫性指数；H 为地下水污染源灾害分级指数。

　　根据 R 的大小，即可将地下水污染风险进行分级。

　　上述中，已经全面分析了人类活动对地下水产生的污染负荷的影响，含水层系统固有的抵御污染的能力以及污染受体（地下水系统）价值功能的变化，现将各部分评价结果综合分析，以获得龙口市平原区地下水污染风险分区图，圈画出地下水污染的不同级别风险区的分布，为地下水污染风险管理提供重要依据。

　　按照地下水污染风险评价的流程，首先，将地下水脆弱性图和地下水价值图叠加生成地下水保护紧迫性图，取代地下水污染的后果。原则上，脆弱性高易受污染且价值高的地下水需要保护的紧迫性高，反之亦然。

　　将地下水脆弱性 DRASTIC 方法分区叠加结果与地下水价值评价各指标分区

叠加结果进行空间合并，消除合并过程中无意义的微小分区，共形成 148 个新的小分区。地下水保护紧迫性指数在 6.93～13.78 之间变化。将该指数等差间隔以对这 148 个小分区进行再分类，可将地下水保护紧迫性分成 5 个等级：高紧迫性、较高紧迫性、中等紧迫性、较低紧迫性、低紧迫性。

然后，叠加地下水污染源灾害分级图与地下水保护紧迫性分区结果（由再分类前的 148 个小分区构成），生成地下水污染风险初始分区结果，由 178 个小分区组成。依据公式，即可计算得到各小分区的地下水污染风险指数。

龙口市平原区地下水污染风险指数的变化范围在 7.78～13.9 之间。指数越大，地下水污染的风险相对越高。根据表 4-1 中的风险指数，结合研究区的具体实际情况，将 178 个小分区进行再分类，最终完成地下水污染风险分区图，用于指导地下水资源开发利用和工农业生产布局，为决策管理部门制定地下水保护策略提供重要依据。再分类后，地下水污染风险性分为 5 个等级：低风险性，较低风险性，中等风险性，较高风险性，高风险性。龙口市平原区地下水污染风险评价结果如图 4-11 所示。

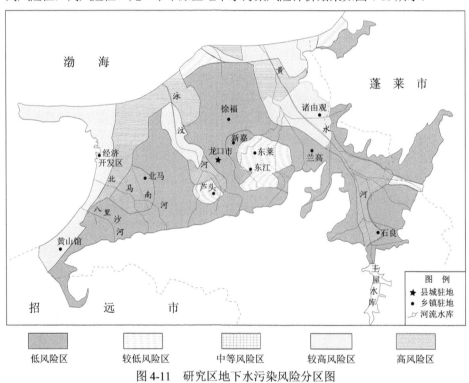

图 4-11   研究区地下水污染风险分区图

4.6.2   评价结果分析

根据龙口市平原区地下水污染风险分区图，将不同分区的属性加以统计、分析，结果如图 4-12 所示。

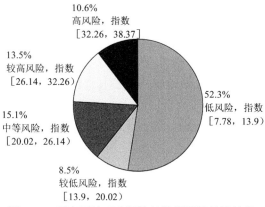

图 4-12 研究区地下水污染风险图属性统计结果

根据图 4-11 和图 4-12，结合研究区的实际情况，对污染风险评价结果分析如下：

1）研究区的平原区主要为低和较低污染风险区，其面积占总面积的 60.8%；中等风险区的分布面积较小，占总面积的 15.1%；高风险区和较高风险区的面积分别占总面积的 10.6% 和 13.5%。

2）高风险区和较高风险区主要分布在平原区滨海沿岸、泳汶河中下游及地下水库库区。这些地区大多地处地下水保护的高或较高紧迫性地区，地下水一旦污染，将难于治理且严重影响地下水的原位价值和开采价值。同时，该地区地下水污染源灾害分级为高，部分中等，地下水污染负荷高，需要对污染源进行优先治理。

3）中等风险区零星分布于黄水河流域的中上游、新嘉街办一带、北马镇一带、北河里张家河沿岸与泳汶河中游沿岸。这些地区地下水污染源灾害分级均为中等，地下水保护紧迫性中等偏高。地下水适于合理开发利用，但需注意地下水的有效保护及污染源的合理治理。

4）其余地区则为地下水污染的低或较低风险区。这些地区地下水污染源的灾害性低，地下水保护紧迫性较低。

4.7 地下水源地保护区划分

4.7.1 地下水保护区划分原则及方法

4.7.1.1 地下水保护区划分原则

划分水源保护区的目的是保护供水井不受污染。地下水源保护区边界的划分主要考虑研究区的水文地质条件、含水层性质、地下水形成特征和运动规律、水文地质参数等，以及污染物迁移和病菌、微生物生长条件及其他人为因素。划分依据主要包括地下水的动力学特征、地下水中细菌的消减规律和含水层覆盖层的性质。水源保护区范围过小会引起饮用水水质不安全，影响人民群众身体健康，范围过大则不利于对土地的合理开发利用，浪费自然资源。水源保护区划分原则是：

1）在污染物达到供水井时，使浓度降到目标含量。

2）为意外污染事故提供足够的清除时间。

3）保护水源补给区不受污染，使供水井水质在长时间内保持稳定。

4）便于环境立法和分区管理。由于我国在划分和建立地下水源保护区方面的工作还比较薄弱，因此主要借鉴欧美等发达国家的研究成果和技术规定。

4.7.1.2　地下水保护区划分方法

目前，国外划分地下水源地保护区普遍采用三级划分的方法，但各国的具体作法不尽相同，对划分各级保护区所取的经验值也不同。在参考国内外经验作法的基础上，以地下水流运移至水源井的时间长短为标准来确定地下水各级保护区的范围，通常将地下水水源保护区划分为一级区、二级区和准保护区三种类型。

一级保护区：根据地下水运动规律，计算出当细菌及污染物从地表渗入到地下再迁移到水源井所用时间为 60d 时该地表点至水源井的距离，其所圈定的范围即为一级保护区。一级保护区位于水源地开采井周围，其功能主要是保证集水有一定滞后时间，以防止细菌类和污染物直接进入开采井中，防止有害物质渗入，消除水源污染的可能性，保证水源地出水安全。

二级保护区：位于一级保护区外，应包括被开采含水层的补给区，其作用是保证集水有足够的滞后时间，以防止病原菌以外的其他污染。污染物从二级保护区边界运移到一级保护区边界的时间大于其在覆盖层土壤和含水层中被吸附、衰减到期望浓度水平所需的时间。参照国内外的划分经验，把地下水运移时间定为10 年。

准保护区：在二级保护区外缘边界一侧，其功能是防止未经达标排放的污水流入二级保护区，保护水源地的补给水量和水质，消除地下水和与之有关的地表水污染源，控制、堵截已发生在含水层中的污染。准保护区的防护范围是集水区，在其范围内开采层的地下水均流向开采井群。根据《饮用水水源保护区污染防治管理规定》，可把水源地补给边界作为准保护区边界，但这样的划分存在很多问题。苏联规定污染物年的迁移距离作为其二级防护带的范围，我国也有学者提出采用25 年的迁移距离作为准保护区范围。因此，本次以污染物在地下水中运移 25 年的距离作为准保护区的范围。

综上所述，对于地下水源保护区的划分，采用时间标准有其科学性、合理性及适用性。全面了解环境水文地质特征、污染源的空间分布以及地下水的污染种类特征后，采用合适的计算模型，求得 60d、10 年、25 年等值线，即可确定各级保护区的范围。

4.7.2　解析单元法基本原理

解析单元法（Analytic Element Method，简称 AEM）是美国明尼苏达大学 Otto Strack 教授于 20 世纪 70 年代末创立的一种地下水运动分析方法。自创立以来，该方法在地下水数值计算领域得到迅速应用，它避免了利用网格或单元对含水层系统的离散化，对复杂的区域地下水问题主要依靠模型中解析单元的叠加来解决。通常认为只能在渗透系数为常数的均质含水层中进行解析叠加解法，然而，经过适度概化，该方法对非均质承压与潜水含水层都适用。

该方法把广义势能概念引入地下水分析，用"线汇"项叠加代表地表水边界条件，用"线偶"处理含水层非均质问题。利用解析单元法能很好地解决某些水文问题，例如，河流及湖泊边界可以用线汇项来表示，小型湖泊和湿地可以用面汇项来表示，面状补给在模型中概化成面源项（面汇项的负值）。河流及湖泊与含水层不完全贯通时在模型中通常用底部带有阻力系数的线汇项来处理，含水层厚度或水力传导系数不连续时通常按线偶来处理。对于像排水沟、断裂、隔水墙等特殊构造就要对解析单元进行特殊处理，对非完整井还要进行三维处理。在解决研究大范围、地下水地表水水力联系密切、基础水文地质资料缺乏、而解的精度又要求较高等用传统数值方法难于处理的问题时，用解析单元法能取得良好效果。

解析单元法与传统的数学模型解法的主要区别是：①解法是解析的。在模型中计算任意一点的水头和流速时不再需要插值，这样使得该方法对比例尺的变化不太敏感，等值线和流线图从面积为几平方米到几平方公里数量级都可以随意变化。②因为速度场是解析方法计算出来的，水力捕获区边界和水流等时线不太精确主要是因为概念模型和计算过程的近似造成的，他们与模型网格分辨率和相关数值差分过程无关。③含水层在平面上无限延伸，人工边界不会影响计算结果。

解析单元法是基于众所周知的势函数理论，此处以饱和含水层中的流量势函数取代常用的速度势函数，应用该势函数可以将地下水流基本方程转化成承压与非承压含水层具有同一形式的拉普拉斯方程。

　　平原区含水层被分成不同的单元，每一单元代表含水层的某一项水力特征，如地表水体、含水层参数变化、入渗等，它可以用基于井的势函数来描述。以线性拉普拉斯方程为基础，可将势函数进行叠加得到整个含水层的解。势函数中的某些未知参数可以通过已知控制点的边界条件来确定。

　　解析单元法应用复变函数理论的奇点法构造地下水流动的数学模型，它是以基本单元为基础来满足地下水流动的基本方程的简化形式。在该方法中，与地下水流动有关的特征元素被称作单元，它们包括：①自然或人工地表水体，如河流、湖泊、运河等；②抽水井及水源地；③入渗或越流补给含水层；④含水层参数，如渗透系数、厚度等。基本方程满足如下条件：①稳定流；②含水层水平且厚度均一；③均质各向同性；④无垂向入渗或越流补给。

　　区域地下水流常常受河流、降雨入渗及面状分布地表水（湖泊、湿地等）和含水层非均质的影响，解析单元法把这三种作用分别用线汇、面汇和线偶来表示。①线汇：把河流等线状分布的地表水体分解为许多段，各段分别补给地下水或受地下水补给。在解析单元法中，各段地表水体用线汇项表示，当地下水补给地表水时，汇密度为正，反之为负。②面汇：面状分布地表水体如湖泊、湿地及区域降雨量等，通常用面汇项表示，正负同线汇项。③线偶：不同水力特性含水层分界用折线划分，称为线偶。它是指一条线汇和一条线源无限接近，线汇强度和线源强度数量保持相等且无限增大所代表的一种流动。

　　当有非稳定流或非均质情况出现时，应当采取一定措施将其转化后才能参与计算。除考虑上述因素外，还应将流量势考虑在内，它可由流速势函数垂向量积分求得。利用流量势可将考虑垂向流的地下水流动的基本方程简化成拉普拉斯方程，其解法可以利用调和函数来完成。势函数与流量函数正交构成共轭调和函数。解这种函数的最佳方法是利用等角投影法。含水层的每个特征参数都可以用势函数来代表，再利用拉普拉斯线性变换来描述整个含水层。

　　虽然前面没有重点提及模型的研究区范围，然而每一个势函数都描述了无限延伸平面上的水力特征。但从另一方面来说，地下水问题不可能在平面上是无限延伸的，总有一个重点研究区，在该区之外的水力参数变化对要研究的问题毫无意义。在上述的模型中，研究区边界是由给定的边界条件划定的，这些边界条件也包括区外参数对他们的影响。在解析单元法中一般不考虑边界条件的影响，因此，模型研究区总是比实际工作区要大，它包含了对工作区内地下水流动有影响的所有元素，模型区的延伸范围通常由试错法来确定。

　　AEM 法通常在以下情况应用：①研究区边界条件未知；②研究区地表水体或其他结构（如井等）影响或主导了地下水流，利用相关单元来描述它们的相互影响比较简单或可行；③当地下水位出现突变时，例如井或水源地附件；④地下水流为稳定流状态。

在非稳定流状态时，需要对解析单元法进行拉普拉斯变换（LT-AEM）。与 AEM 法一样，LT-AEM 也是依靠单元叠加（即每个单元代表不同的流场特征，如：井、河流、边界等）来解地下水流问题。

解析单元法在模拟地下水渗流场时，摒弃了传统数值方法人为划定单元的方法，以实际水文地质单元为计算单元，把地质、水文地质特征直接输入计算模型，减小了模型尺度对计算结果的影响。特别是在处理地表水地下水水力联系时，把地表水体当作模型中的计算单元，而不仅仅是边界，使模型更接近实际；可以根据研究目的把计算区分成高分辨率的"近区"和相对低分辨率的"远区"，"远区"可以看作"近区"的外围边界，把研究区作为"近区"，"近区"尽可能给出详细水文及水文地质条件，外围"远区"可适当简化，这样既不影响结果精度，也减少了工作量。当计算目的要求给出断层对局部渗流场的影响时，可以用一定强度的线汇表示断层，达到局部"精细"模拟的目的。

4.7.3　WhAEM2000 数据处理软件与功能

WhAEM2000 是基于解析单元法（AEM）的地下水单层含水层的裴布依一福熙海麦（Dupuit-Forchheimer）模型，在美国州际地下水供水水源保护项目（WHPP）和水源评价计划（SWAP）中是专用来划分地下水保护区的软件，由美国环境保护署完成开发（USEPA，2000）。WhAEM2000 利用解析单元法对均质含水层抽水井进行求解，包括水文边界的影响，如河流、补给、隔水边界及非均质体等。该软件具有交互界面，计算出的地下水保护区范围可直接叠加在电子地图上。

WhAEM2000 不仅能够利用固定半径法、旅行时法等常规方法来计算地下水保护区的范围，还可以在考虑地表水体和地质边界影响的条件下来划定地下水保护区的范围，它主要是利用解析单元法来求解这类问题。如前所述，解析单元法就是利用数学函数表示的解析单元代表不同的水文特征求解地下水流问题，例如，可以利用一系列直线单元代表小溪或河流的平面展布。在WhAEM2000 软件中，每一条直线单元都是一个线汇函数，在数学上代表地下水向河流的入流和出流。线汇项密度的大小等于地下水流入河流断面流量的大小。每一条河流断面通常具有不同的地下水入流量，因此它们的汇密度不同。汇密度属于未知量，已知量是河流断面的水位。在 WhAEM2000 软件中，假设每个线汇项中心的水头值等于它所代表的河流断面的平均水位，因此，汇密度可通过解析方程求得。WhAEM2000 中将井作为一维点汇项来处理，采取线偶或"双层"来表示非均质含水层，利用面元来模拟面状降雨入渗的情况（利用负汇密度来表示入渗）。通过对线汇项、点汇项、线偶和面元的叠加，WhAEM2000 软件可以计算出所有汇密度和线偶密度，因此地下水流中的任意一点的平均流速和水头也被计算出来。

　　WhAEM2000 软件是用解析单元法来解区域地下水流微分方程，一般用于包含较复杂的河流边界条件以及分区常数面状入渗补给的情况。WhAEM2000 与以前的地下水保护区划分软件（如固定半径法等）相比具有很多优点：在区域地下水运动过程中，它考虑了水文边界（地表水体）和由于降雨入渗补给对地下水流造成的影响，不再局限于均质流场，地表水体和水文边界也不再局限于无限延伸的直线，可以是任意形状。据此建立的水文地质概念模型更加逼真、符合实际情况；所建立的概念模型相对简单，模型需要的原始输入数据较少，应用灵活。该软件用地下水运移时间确定保护区范围比其他地下水流模型（如 MODFLOW）更加方便，费用也更加低廉。

4.7.4　地下水源地保护区划分

4.7.4.1　地下水源地概况

　　区内现状有城市供水集中水源地有三处，其中地下水源地两处（莫家水源地，大堡水源地）、地表水水源地一处（王屋水库水源地），其他地方均为小规模开采。

　　莫家水源地位于黄水河流域中游、兰高镇的莫家村附近，始建于 1982 年，1984 年正式运行。地貌上属河谷盆地（侵蚀洼地），是黄城集河与黄水河的汇流处，其中有分布较广、堆积较厚的第四系砂卵砾石层，分布面积达 45km^2，含水层厚度在 2.0～12.33m 不等，基底岩层为太古界胶东群的变质岩。水源地建在黄水河的西岸，有生产井 20 眼，日供水能力为 2 万 m^3。

　　大堡水源地位于黄水河中下游地下水库范围内的大堡村（兰高镇）—达善村（诸由观镇）附近，属傍河取水，始建于 20 世纪 80 年代，先后建成生产井 15 眼。水源地本身控制面积 15 km^2，地下含水层较厚，达 20m 左右，单井涌水量在 50～100m^3/h，水源地的抽水影响范围在 12.6km^2 左右。

　　莫家及大堡水源地位置如图 4-13 所示。

4.7.4.2　保护区划分

　　结合平原区的地质和水文地质情况，在重点分析黄水河流域中下游第四系孔隙潜水含水层的补给、径流、排泄条件及其动态变化特征的基础上，根据地下水水源保护区划分软件 WhAEM2000 的需要，确定了大堡和莫家两个水源地的基本水文地质参数。由前述内容可知，这两处水源地在从地下取水时未将居

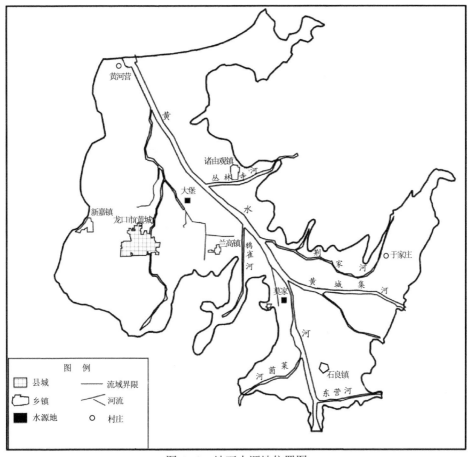

图 4-13   地下水源地位置图

民生活用水和工业生产用水的供水井区分开来，而是混合取水、混合供水。因此，为了使居民生活饮用水水源地得到更好地保护，在考虑水源取水量时将工业用水水量一并考虑在内。由于两水源地供水井较多，分散范围较大，将每个供水井的位置和取水量分别考虑有一定难度，因此，本研究采用"大井法"处理，即将在某一范围内的取水井当作一个井看待，其出水量为分散各井的取水量之和，其位置位于各井的几何中心。在本次计算中，将两个水源地的取水井分别作为一个"大井"来处理。

WhAEM2000软件对大堡和莫家两个水源地保护区的计算结果如图4-14所示。

由图4-14中可以看出，大堡水源地地下水主要来自黄水河及其支流绛水河之间的地块；莫家水源地地下水也主要来自黄水河及其支流黄城集河。两水源地地下水流向明显，呈东南—西北向，与区域地下水流向基本一致。

137

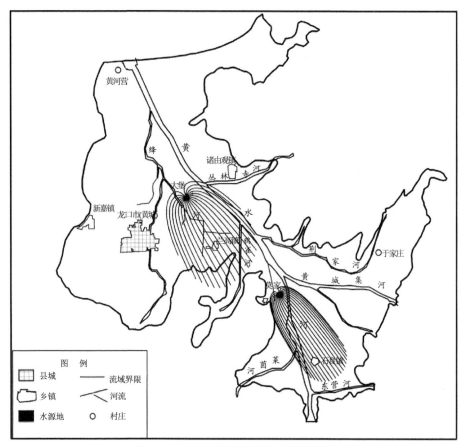

图 4-14　大堡、莫家水源地计算结果图

根据计算结果,对大堡和莫家两个水源地的保护区进行了划分,结果如图 4-15 所示。两水源地一级、二级和准保护区的面积见表 4-21。大堡水源地三级保护区的总面积为 28.68km^2,莫家水源地三级保护区的总面积为 10.09km^2。两水源地的一级保护区基本呈圆形分布,在抽水初期的 60d 范围内,大堡水源地的影响半径约为 264.6m,莫家水源地的影响半径约为 299.3m。大堡水源地 3 级保护区面积总和远远大于莫家水源地,这主要是由于莫家水源地位于黄城集河和黄水河交界的三角地带,此处含水层厚度较大、岩性颗粒较粗、地下水袭夺河水较多造成的。

表 4-21　水源地各级保护区面积统计表

水源地名称	大堡			莫家		
保护区等级	一级	二级	准	一级	二级	准
面积/km^2	0.27	9.98	15.93	0.23	4.25	10.52

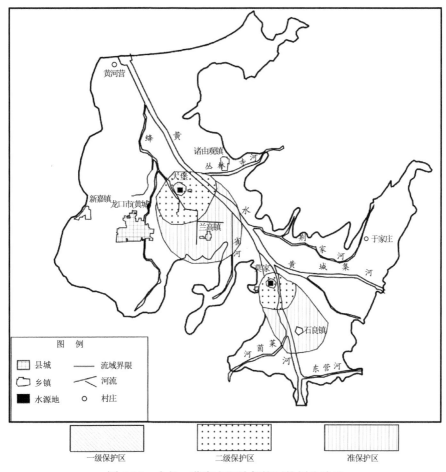

图 4-15 大堡、莫家水源地保护区的划分结果

4.8 地 下 水 保 护 措 施

4.8.1 地下水源保护区分级保护措施

地下水资源的有效保护是维持其可供水能力不衰减的重要措施,针对平原区地下水和大堡、莫家水源地的具体情况,应采取以下几方面的保护措施:

1)一级保护区内禁止建设与取水设施无关的建筑物;禁止从事农牧业活动;禁止倾倒、堆放工业废渣及城市垃圾、粪便和其他有害废弃物;禁止输送污水的渠道、管道及输油管道通过本区;禁止建设油库和建立墓地。在地下水源一级保护区严格执行环境保护的一切法规,禁止污染水源的旅游活动和其他活动,严禁

新建有污染的项目和排污口。

2）在二级保护区内，禁止建设化工、电镀、皮革、造纸、冶炼、制浆、放射性、印染、染料、炼焦、炼油及其他有严重污染的企业，已建成的要限期治理，转产或搬迁；禁止设置城市垃圾、粪便和易溶、有毒有害废弃物堆放场和转运站，已有的要限期搬迁；严格控制含重金属、致癌和致突变等有毒有害物质的废水排放。原有企业在新建、改建和扩建时必须做到不增加污染物的排放数量和种类，并达标排放；禁止利用未经净化的污水灌溉农田，已有的污灌农田要限期改用清水灌溉；化工原料、矿物油类及有毒有害矿产品的堆放场所必须有防雨、防渗措施；在水源保护区内增建一切设施，包括居民区的建设均须进行环境评价，尤其是对地下水环境的影响评价，否则不准建设。

3）准保护区禁止建设城市垃圾、粪便和易溶、有毒有害废物的堆放场所；不得使用不符合《农田灌溉水质标准》（GB5084—85）的污水进行灌溉，合理利用化肥；保护水源涵养林，禁止毁林开荒；此带内清除地下水和有关地表水污染源，消除一切造成含水层污染的可能性；当补给源为地表水体时，该地表水体水质不应低于《地表水环境质量标准》（GB3838—2002）中规定的III类水质标准。

4）在各级保护区内均需做到：禁止利用渗坑、渗井等排放污水和其他有害废弃物；禁止利用透水层孔隙、裂隙及废弃矿坑储存石油、天然气、放射性物质、有毒有害化工原料、农药等；实行人工回灌地下水时不得污染地下水源。

5）植树造林。提高植被覆盖率，加强上游山区水源涵养森林的建设，扩大水源地保护区内的绿地面积，有效增强土壤本身的生态恢复能力，起到生态修复、治理的作用和效果。拦蓄降水和水库弃水，并采取人工回灌地下水措施，以增加地下水库储水量并改善水质，使地下水位逐渐回升。

4.8.2　地下水风险管理建议

地下水污染风险评价的目标是为风险管理提供科学的信息，为风险管理政策的制定者以及公众提供决策支持信息。加强地下水污染风险管理，对于保护地下水资源以及避免经济损失、环境损害具有十分重要的意义。

根据 4.6 节中地下水污染风险的评价结果，结合平原区的实际情况，采取如下应对措施，以有效管理风险。

（1）实行区域规划

实现风险管理，首先要对研究区范围内进行必要的区域规划，优化区域产业结构，形成完整的工业生态链，减少流域内的三废排放，减少区域内的污染风险源。通过区域管理研究，确定和明确引资方向、项目；减少高污染、高消耗的企业进入，引入低污染、低消耗、高产出的高科技企业，以减少对龙口市平原区的污染负荷。

充分考虑龙口市平原区经济、社会、环境的协调发展，合理分配地下水资源的使用量，在研究区范围内进行整体规划与管理，组织地下水资源的使用，使其达到最合理的利用状态，同时兼顾地下水资源的有效保护，做到合理开发与有效保护同时进行。

（2）加强点源污染的监测与治理

加强对研究区地下水点源污染的监测与治理。对重点工矿业等排污大户要进行在线实时监测，确保其废水和废气达标排放，减少营养物质和污染物质的不达标排放，减轻对地下水的污染负荷。对高风险区和较高风险区内排污不达标的工矿业要更加关注，责令其限期整改、整顿，整改、整顿后仍然不达标的坚决要求其停产。

（3）发展生态农业，控制面源污染

在做好点源污染治理的同时，对研究区要实施面源污染控制工程。面源污染主要来源于农田耕作过程中化肥、农药的广泛使用以及分散乡镇的生产废水、生活污水的排放。

大力发展生态农业。采取积极有效措施，使农业生产过程中产生的各种副产品以及废弃物得到多层次、多途径的合理利用；推广秸秆还田，畜禽粪还田，平衡施肥，通过轮作和保护天敌，施用生物农药等，有效降低化肥和高毒、高残留农药的使用量。大力推广科学配方施肥，提高肥料的利用率，积极推广无公害绿色农业。

逐步实现农村污水分散处理，垃圾集中堆放和处理；以农户为单位进行厨、厕、牲畜圈改造，减少降雨冲刷而造成的污染物的流失与下渗，使地下水潜在的面源污染得以控制。

（4）优化地下水质监测网，强化水质预警预报系统

地下水水质是地下水污染的晴雨表。优化区域地下水质监测网，可更好地定量评价地下水水质状态、监测污染物浓度持续明显的上升趋势及分析人类活动对地下水水质的影响。

强化区域地下水质预警预报系统，提高区域地下水环境监测系统的机动能力、快速反应能力和自动测报能力，及时了解区域地下水质的动态信息。从对地下水质变化的快速反应中获益，加强对潜在风险的防范能力。

（5）限制地下水的过量开采

该平原区由于地下水采补失衡已引起了地下水降落漏斗、海水入侵、水质恶化等一系列的环境地质问题，需采取切实可行的措施来限制地下水的过量开采。

1）合理配置水资源。充分拦蓄地表水，优先使用地表水，以减少地下水的开

采量。研究区地表水的开发工程已较普遍，要进一步加强小型水利工程的维护管理，以求最大限度地拦蓄和利用地表水，同时延长地表水的滞留时间，充分补给地下水。合理地使用中水，科学地开发使用海水等非常规水源。

2）有计划分步骤地封闭城区地下水自备井，加大地表水供水管网的覆盖面积，提高地表水供水量，使其达到用水需求。

3）采用不同的水资源费征收标准以促进企业限采地下水。不同的水资源费的征收标准，将导致生产成本的不同，在超采区范围内水资源费加倍征收，以经济手段促进企业节约用水。

4）实施农业节水工程。在继续推广管灌、微灌、喷灌和渠道防渗等节水技术的基础上，加快农业节水的区域化、标准化建设。

第 5 章   水资源管理决策支持系统

5.1   水资源管理决策支持系统

决策一般是指对多个可行方案进行分析、比较，选定最优方案的过程。决策是人类处理社会事务的一个重要环节，社会活动的各个领域都离不开决策。随着科技发展，生产规模越来越大，决策过程变得越来越复杂。计算机辅助决策的概念便被提出，随着计算机科学、运筹学、管理学、人工智能、行为科学的发展，在 20 世纪 70 年代出现了决策支持系统的概念。决策支持系统是一种帮助人类做出判断决策的智能信息系统，协助人类规划、分析、判断各种可行方案，一般用来解决半结构性或非结构性的问题，以便帮助人类做出科学合理的决策，决策支持系统不是替代人类做出判断和决策，它是一个人机交互的计算机系统。水资源管理决策支持系统是以决策支持系统框架为基础，通过构建水资源管理各种量化模型，借助于计算机技术运用合理的数学方法而建立起来的适用于区域水资源管理决策的信息系统。该系统能有效地对大量的地表水、地下水、大气降水等信息进行管理、分析、模拟，并能快速地对某一个地区水资源的合理利用提供决策，以数据、图表的形式给出决策结果。

5.1.1   决策支持系统的概念与基本结构

5.1.1.1   概念

20 世纪 70 年代初，美国学者 Gorry 和 Scott 首次提出了决策支持系统（Decision Support System，DSS）这个概念，他们认为决策支持系统是把个人的智能资源和计算机的能力结合在一块以改善决策的质量，是基于计算机的支持系统用以帮助决策者处理半结构化或非结构性的问题。这一概念的提出标志着利用计算机与信息技术进行决策的研究与应用进入了一个新的阶段，随着计算机科学、运筹学、管理学、人工智能、行为科学等学科的发展逐渐形成了决策支持系统这门新学科。

决策支持系统的基本特征如下：

1）帮助决策者解决决策过程中半结构化或非结构化问题。

2）支持而不是代替决策者做出决策。

3）以各类数据为基础，决策支持系统的工作过程就是把模型或分析方法与各类数据存取检索技术结合起来，为决策者提供基于数据和模型的决策。

4）决策支持系统是一个人机交互系统，通过人机交互界面为决策者提供辅助功能。

5）对环境及用户决策方法变化适应性强。

5.1.1.2　决策支持系统的基本结构

决策支持系统最初由数据库和模型库的二库结构，逐渐发展到三库结构（增加知识库）、四库结构（方法库从模型库中分离出来），现在发展到六库、七库结构。但是基本结构还是由四库组成，包括数据库、模型库、方法库和知识库，加上人机交互部分，组成决策支持系统的基本结构，如图 5-1 所示。

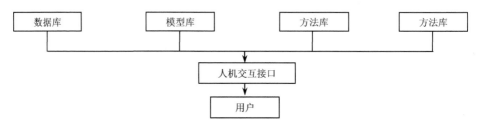

图 5-1　决策支持系统基本结构

1）数据库部分由数据库及其数据库管理系统组成，其功能包括对数据的存取、检索、分析处理和维护，并能从多源信息资源中提取检索数据，并能够实现数据格式的转换。

2）模型库部分包括模型库及其管理系统。模型库是决策支持系统的重要组成部分，模型是对客观规律的一般描述。模型库的模型主要是管理科学、运筹学和自然科学研究中使用的数学模型，模型库管理系统支持模型的管理和各种分析与运算。在该系统中通过对不同类型模型的组合，能解决多领域、深层次的决策问题。

3）方法库部分包括方法库及其管理系统。方法库包括各种求解模型的数学方法。方法库管理系统是指以库的形式对各种数学方法进行组织和管理。方法库类似于程序库，包含面向多种应用的程序包或功能程序，对程序方法提供添加、编辑和删除等多种功能操作，方法库部分使得模型库中的模型得以实现。

4）知识库部分包括知识库及其管理系统。知识库用来存放各种规则、专家经验、相关知识和因果关系等。知识库是把知识从应用程序中分离出来，交由知识系统程序处理。知识库管理系统的功能是在决策过程中，通过人机交互部分，使系统能够模拟决策者的思维方法和思维过程，发挥决策者的经验、判断和推测，从而使问题得到满意且具有一定可信度的解答。

5）人机交互部分是决策支持系统的人机交互界面，用以接收和检验用户请求，调用系统内部功能软件为决策服务，使模型运行、数据调用和知识推理达到有机地统一，有效地解决决策问题。

5.1.2 决策支持系统类型

决策支持系统发展近半个世纪以来，随着研究的深入，应用的日益广泛，出现了各种类型的决策支持系统，按照系统内在驱动力，美国北爱荷华大学 Power 教授 2002 年将决策支持系统分为以下五个类型：

（1）模型驱动型决策支持系统（Model-driven DSS）

该类系统以各种模型为中心，运用各种数学决策模型（包括优化、模拟、评价、预测等各类模型）来帮助决策制定。系统强调对大量的模型进行访问和操纵，而模型库及其管理系统则成为中最主要的功能部件。随着地理信息系统（Geographic Information System，GIS）应用越来越广泛，出现了模型驱动型空间决策支持系统。其充分利用现代空间信息技术对决策对象及其多类要素的时空演变规律进行解读，并统一集成多学科分析、优化和模拟等模型对决策问题进行求解，这种基于地理信息系统的模型驱动决策支持系统已广泛地应用在城市规划、国土勘察、交通调度、抢险救灾、金融保险等国民经济各个领域。

（2）数据驱动型决策支持系统（Data-driven DSS）

数据驱动型决策支持系统主要强调以数据为中心，利用数据仓库（Data Warehousing，DW）、数据挖掘（Data Mining，DM）与联机分析处理（Online Analytical Processing，OLAP）对海量数据对象进行统计分析，以提供决策支持信息。此类研究中较为常见的应用是主管信息系统（Executive Information Systems，EIS）、数据仓库与分析系统（Data Warehousing and Analysis System）、数据驱动空间决策支持系统（Data-driven Spatial DSS）等。

（3）通信驱动型决策支持系统（Communication-driven DSS）

该类系统强调通信、协作以及共享决策支持。通信驱动的决策支持系统能够使两个或者更多的人互相通信、共享信息以及协调他们的行为，并共同完成决策方案的制定。主要的表现形式如简单的公告板、电子邮件、视频会议等。近些年来群决策支持系统（Group Decision Support System，GDSS）和群决策制定（Group Decision Making，GDM）的研究已经越来越引起关注。群决策支持系统的重点在于采用系统方法有组织地安排信息交流方式、讨论的形式、日程及内容。远距离电视电话会议、网络技术和决策支持软件等技术领域的研究成果为群决策支持系统的发展提供了条件，将通信、计算机和决策技术结合起来，使问题求解过程条理化、系统化、科学化。

（4）知识驱动型决策支持系统（Knowledge-driven DSS）

知识驱动的 DSS 可以就采取何种行动向管理者提出建议或推荐。这类 DSS 是具有解决问题的专门知识的人-机系统。与之相关的一个概念是数据挖掘——一类在数据库中搜寻隐藏模式的用于分析的应用程序。数据挖掘通过对大量数据进行筛选，以产生数据内容之间的关联。构建知识驱动的 DSS 的工具有时也称为智能决策支持系统（Intelligent Decision Support System，IDSS）。该系统既充分发挥了专家系统以知识推理形式解决定性分析问题的特点，又发挥了决策支持系统以模型计算为核心的解决定量分析问题的特点，充分做到定性分析和定量分析的有机结合，使得解决问题的能力和范围得到一个大的提高。

（5）文档驱动型决策支持系统（Document-driven DSS）

该类型 DSS 通过使用计算机存储和处理技术，对高级文本进行提取与分析，从而提供决策支持信息。大型文献数据库可能包含扫描的文件、超文本文档、图像、动画、声音和视频。搜索引擎是此类决策支持系统的主要决策辅助工具。

5.1.3　水资源管理决策支持系统概述

水资源管理决策支持系统（Water Resources Management Decision Support System，WRMDSS）是以决策支持系统框架为基础，通过水文水资源专家学者构建水资源管理各种量化模型，借助于计算机技术运用合理的数学方法而建立起来的适用于区域水资源管理决策的信息系统，该系统是水文水资源专家学者和水资源管理者、决策者之间的桥梁，它能够将水资源管理涉及的决策问题通过水文水资源学专家学者建立的物理模型或经验模型进行定量表达，使决策者站在客观科学严谨基础上把握决策过程，从而提高决策的客观性，同时提高决策效率。

WRMDSS 的发展离不开三个方面的支撑：第一方面是 DSS 自身的发展，目前DSS 已经向智能化、网络化方向发展，为复杂的水资源管理工作提供了更好的平台；第二方面是相关技术的发展，地理信息系统、遥感、专家系统、数据挖掘、人工智能等高新技术的集成，使其解决非结构化和半结构化问题的能力逐渐增强；第三方面是专家学者对地表过程中的各种物理机制的认识逐渐加深和对物理过程模拟能力的不断增强，使人们能够得到时间尺度更短、空间尺度更小的地表参数各分量的状态，从而使模型更好地表达物理过程，加之各种模型各有侧重，在构建系统时用户能够方便地选择合适的模块或模型来"组装"成一个完整模型来模拟决策过程中涉及到的各种物理过程（水文过程、生态、经济以及其间的耦合过程等），这种方法可以有效地针对不同的决策问题，设计出不同模型，从而使

WRMDSS 更加有效。

WRMDSS 的发展经历了三个阶段：①单纯模型模拟阶段；②初步 WRMDSS 阶段；③发展中的 WRMDSS 阶段。WRMDSS 的发展离不开相关技术的发展，同时又受到水资源行业本身技术发展的影响。目前运筹学、管理学、信息技术、网络技术、行为科学、人工智能等学科的发展，大大促进了 WRMDSS 框架不断完善，系统的可操作性、灵活性和实用性也在逐渐增强。与此同时，专业人士对水资源管理问题的复杂性的认识、专家学者对物理过程的认识、构建模型的能力都在不断提高。这些都推动着水资源管理决策支持系统向前发展。

（1）单纯模型模拟阶段

在 WRMDSS 发展的最初阶段，还没有决策支持系统的概念，当然也没有水资源管理决策支持系统这一提法。但水资源管理者已将水文学、水力学、环境学、生态学、统计学以及数值计算等知识引入到决策分析中，并且提出了集成水资源管理这一概念，有助于解决水资源管理相关的各类问题，这类系统应属于水资源管理决策支持系统的雏形。系统中采用的模型方法一般比较单一，以统计模型为主。

（2）初步 WRMDSS 阶段

由于水资源管理决策过程中，人、生态环境、社会经济因素对水资源管理的影响，增加了水资源问题的不确定性和复杂性，同时水资源管理的数据一般分散在多个部门领域，很难保证数据的完整性、准确性和一致性。因此，想从数学模型中找到一个最优的问题解决方案来解决此类复杂的非结构化和半结构化问题是比较困难的，这需要多模型来解决。随着计算机技术、信息技术的飞速发展和 DSS 技术理论的不断成熟，以及地理信息系统（GIS）、遥感（RS）、人工智能技术、数据挖掘技术与 DSS 的集成度越来越高，有力地推动了 WRMDSS 的发展。比如信息网络技术为决策领域带来潜在的最大推动作用主要表现在克服了数据在时间、空间和传输上的限制，使大规模分布式集成运算成为可能。GIS 技术不但可以有效地显示和分析空间数据，而且可以嵌入水资源管理模型，GIS 的加入使 DSS 朝着空间决策支持系统（SDSS）的方向发展。各种遥感数据为水资源问题带来了实时海量数据，数据是 DSS 分析、比较、判断的基础，为决策的可靠性科学性提供了保障。

（3）发展中的 WRMDSS 阶段

随着全球气候变化、人口持续增长、城市扩张等的影响，改变着区域自然水文循环过程，使水在时空分布上的不确定性大大增强，同时由于影响水文过程的因素增多，增加了水资源管理的复杂性。目前的水资源管理决策支持系统已不在局限于解决特定的水资源管理问题，而是能够随着决策者的需求变化，发现水资源管理中潜在的问题。

水资源管理问题受需求的影响而复杂程度不同，这种需求大多是针对未来"环境"的变化下，水资源政策和规划对这些变化的响应。由于未来"环境"变化的高度不确定，使这种响应也存在很大不确定性。从而，解决水资源管理问题可以看成是一个优化过程，即针对决策者的详细需求，利用优化模型来获得一个最优响应方案。

在 WRMDSS 发展过程中，模型一直是系统的核心，也是模拟物理过程的重要手段，大多数模型的开发都是针对特定的科学问题。随着水资源管理问题涉及的学科的扩大，模拟的物理过程在时空上和机理上更加精细以及各物理过程之间耦合关系的复杂程度的提高，使物理模型向着两个方向发展：一是将水资源管理涉及的所有物理过程作为一个整体来模拟，这样模型将会变得更加复杂和庞大；二是将所有物理过程进行独立模拟，并对物理模型定义统一数据交换接口和尺度转换方法，通过集成建模环境组织和构建更加复杂的模型。在模型集成方法上可以分为技术途径的集成和知识途径集成。第二种方法是近些年来发展很快的建模方法，它可以随着研究区域和尺度的变化而快速构建新的模型，从而大大提高了建模速度和预测能力。

第二个发展方向带来了集成建模这一技术手段，集成建模环境并不是将模型简单地拼凑在一起，而是根据水资源管理的具体问题，管理者的实际需求，参考各种水资源模块功能说明和接口定义，选择合适模块组建组合模型。这种方法好处就是研究、开发与管理相辅相成，研究人员和建模人员可以将更多的时间花费在建模上，而不是输入输出的管理上；开发人员则将模型实现，并定义各模型在不同时空尺度上的输入输出接口和编写详细的模型说明；管理人员可以"组装"各模块来解决自己的实际问题。

模型在水资源管理决策支持系统框架中无缝集成，进一步促进了水资源管理决策支持系统的发展，使 DSS 更具灵活性。由于软件具有可扩展性，它将根据需求建立水资源问题的最优解决方案。

5.1.4 水资源管理决策支持系统可行性分析

可行性分析是在进行初步调查后所进行的对系统开发必要性和可能性的研究，所以也称为可行性研究。可行性研究的目的就是用最少的代价在尽可能短的时间内确定问题是否能够解决，可行性研究的目的不是解决问题，而是确定问题是否值得去解决。

（1）经济可行性分析

从成本方面看，龙口市水资源管理部门已经在信息化建设方面具有一定基础，相应的软硬件设施已经覆盖了该单位大部分部门。计算机软硬件、通信网络等都能满足要求。同时，其本身也愿意投入资金，采用先进的管理手段来提高水资源管理水平，改善水资源管理决策的效能。

从效益方面看，本系统旨在解决水资源管理决策方面上存在的诸多问题，为管理者提供决策依据，系统在龙口市水资源管理部门的成功实施将会大大提高水资源信息收集、处理、传输、反馈、决策效率，提升该单位的管理水平，提高水资源管理决策的科学性，进而为用户单位创造巨大的经济效益。

（2）技术可行性分析

技术可行性分析是最难决断和最关键的问题。根据客户提出的系统功能、性能及实现系统的各项约束条件，从技术的角度研究系统实现的可行性，看相关技术的发展是否支持这个系统。目前国内外在水资源管理决策支持系统建设方面的研究已经十分广泛，计算机技术、信息技术、网络技术、管理信息系统的结合不断深入和成熟，同时随着地理信息系统（GIS）和组件式 GIS 技术的应用，使得水资源管理与地理信息系统也密切联系在一起，大大提高了系统对空间数据的管理能力和辅助决策的水平。因此，从技术上讲，开发龙口市水资源管理决策支持系统是可行的。

本项目是为了更好地适应水利信息化建设以及经济社会发展对水利工作的新要求而进行的一项系统工程。在区域上覆盖龙口市和黄水河流域，在内容上提供有效的支撑手段，保证信息全面、及时、准确，决策支持快速、可控、有效，只有这样才能发挥整个系统的重大作用。本工程项目的建设目的就是为水资源管理和决策提供有力的技术支持和科学依据。

5.1.5 需求分析

需求分析是水资源管理决策支持系统开发工作中重要的、必不可少的环节。当研制人员与用户都确认项目可行之后，系统的研制就进入了需求分析阶段，需求分析的重点是对系统的要求进行分析，即首先对组织各部门、各业务进行详细了解，并在此基础上进行分析，确定出用户需求，从而提出新系统的逻辑方案设计。逻辑方案不同于物理方案，前者解决"做什么"的问题，是需求分析要解决的问题；后者解决"怎么做"的问题，是系统设计要解决的问题。

长期以来，龙口市水资源管理部门花费了大量的时间、人力、物力和财力，获得了许多珍贵的数据和图文资料，但是由于长期采用手工绘制、档案积压，无法方便地进行信息的查询与变更，更不能实时进行水资源的动态管理、方案调整以及科学决策，造成了管理和决策滞后于现实的局面。因此，急需建立相应的决策支持系统，并且通过系统的运行，不断地充实完善，逐渐实现水资源管理部门办公自动化。本项目通过建立龙口市水资源管理决策支持系统以实现：①支持龙口市水资源管理部门日常业务运行、决策制定等；②对龙口市国民经济和社会发展政策、措施、规划等制度提供辅助支持。因此，在研究区建立水资源管理决策支持系统是十分必要的。

由于系统的用户是针对水资源管理部门，因此，系统的开发要求界面简单、操作方式灵活简便，适用于不同层次的用户。

5.1.6　龙口市水资源管理决策支持系统

龙口市水资源管理决策支持系统能有效地对流域内的地表水、地下水、大气降水等信息进行管理，在综合考虑水安全、水资源、水环境、水生态、水景观、水文化等涉水问题基础上，在水资源优化配置、水资源数值模拟、水资源评价、水资源保护、水资源实时监测等方面为管理者做出科学合理的决策提供技术支持。

5.2　系　统　设　计

5.2.1　系统设计的原则

龙口市水资源管理决策支持系统的最终用户是龙口市水利部门的管理决策层，他们所关心的问题不局限于某一侧面，而是具有综合性特点。例如，环境问题与社会经济发展的关系、污染源和环境质量的关系、污染物排放、环境质量与国家和地方有关法规和标准的比较、区域性宏观污染控制策略等。DSS 系统的用户需求调研和系统分析应该紧紧围绕最终用户进行，从而使系统能为他们提供科学的辅助决策信息。

系统设计原则如下：

1）实用性：系统设计应严格按照研究区需求分析进行，以客观事实为基本原则。

2）可扩展性：确保其在未来的使用中具有良好的可扩充性。

3）安全稳定性：系统应做到安全稳定，具有完善的安全保护措施，实行用户密码登陆，管理员统一管理。

4）友好性：系统操作界面友好，操作过程简便。

5）容错性：系统应能预防错误的发生，并具备保护功能，防止因错误操作而破坏系统的运行状态和信息存储。系统还应提供必要的出错提示信息，出错提示信息应清楚、易理解，内容应包含出错原因及修改建议等。

5.2.2　系统总体结构

水资源管理决策支持系统服务于研究区的水资源规划，辅助决策者解决水资源管理、规划的决策问题。该系统的设计思路是：收集社会经济、环境、生态和水资源方面基础信息数据，根据一定的原理或规律建立水文水资源模型对基本信息进行加工和整理，进而提出各种政策和策略下的推荐方案和发展模式，采用灵活方便的人机交互系统将这些方案提供给决策者，帮助决策者对方案的优劣进行比较，以便做出正确判断。根据问题的性质和需要，龙口市水资源管理决策支持系统采用了 C/S 和 B/S 结合的模式，包括四个数据库，数据库、模型库、方法库和知识库及其管理系统，主要包括预测、优化配置、数值模拟、水资源评价、水资源实时监测、灾害风险分析、数据库管理等功能模块。水资源管理决策支持系统总体框架如图 5-2 所示。

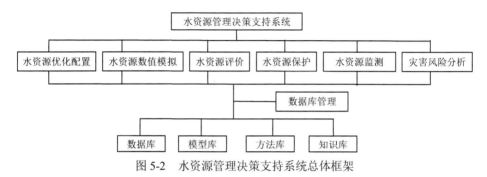

图 5-2 水资源管理决策支持系统总体框架

5.2.3 数据库设计

建设水资源管理决策所需的基础地理空间数据库和水资源专题信息数据库，提供基础数据平台，为各种信息查询浏览以及其他应用子系统提供数据支持。

基础数据库和水资源专题数据库包括空间数据与属性数据，采用 ESRI 公司的 Geodatabase 数据模型进行管理，Geodatabase 包括三种类型，个人地理数据库（.mdb）、文件地理数据库和 ArcSDE 地理数据库，如图 5-3 所示。

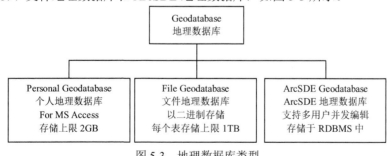

图 5-3 地理数据库类型

决策支持系统的模型库及其模型库管理系统是决策支持系统（DSS）的核心，

龙口市水资源管理决策支持系统的模型库包括预测模型、优化配置模型、数值模拟模型和评价模型。

方法库是在存储和管理各种数值方法和非数值方法，包括方法的描述、存储、删除等问题。水资源管理决策支持系统常用的方法有：预测方法（如时序分析法、结构性分析法、回归预测法等）、统计分析法（如回归分析、主成分分析法等）、优化方法（如线性规划法、非线性规划法、动态规划法、网络计划法等）及数学方法等。

知识库是以相关领域专家的经验为基础，形成一系列与决策有关的知识信息，最终形成知识工程，结合一些事实规则及运用人工智能等有关原理，通过建立推理机制来实现知识的表达与运用。

5.2.3.1　空间数据库设计

水资源管理空间数据库内容包括自然地理、基础地质、水文地质、水资源、水利工程、水环境、社会经济和业务报表等方面的数据。水资源数据库设计如图5-4 所示。

图 5-4　水资源数据库

根据龙口市水资源管理数据现状和数据类型，结合需求分析，运用 UML 设计工具 Microsoft Visio，完成了龙口市水资源管理数据 Geodatabase 数据模型的设计。

5.2.3.2　模型库设计

龙口市水资源管理决策支持系统的模型库包括优化配置模型、数值模拟模型、评价模型、水资源保护模型、水资源监测模型和灾害风险分析模型，入库的具体模型如图5-5 所示。

5.2.3.3　方法库设计

方法库系统主要是为了实现方法的管理和运行，方法库为模型求解提供各种算法支持，　在系统开发时通常将模型库和方法库以代码形式固化于程序中。但从概念上将模型库和方法库分开的优点是可用不同方法求解同一个模型。同一个问题的不同求解方法不仅满足不同情况的需求，还能比较用不同方法解决同一问题的优劣。模型库对方法库是一种调用关系，方法库对模型库是提供一种算法支持。

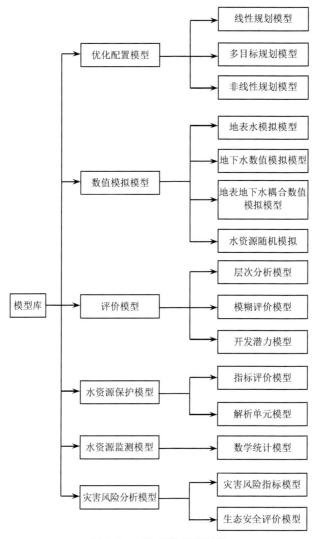

图 5-5　水资源管理模型库

5.2.3.4　知识库设计

　　知识库是知识工程中结构化，易操作，易利用，全面有组织的知识集群，是针对某一或多个领域问题求解的需要，采用某种或若干知识表示方式在计算机存储器中存储、组织、管理和使用的互相联系的知识片集合。这些知识片包括与水资源管理相关的理论知识、事实数据，由专家经验得到的启发式知识，如某领域内有关的定义、定理和运算法则以及常识性知识等。水资源管理方法库及知识库子系统如图 5-6 和图 5-7 所示。

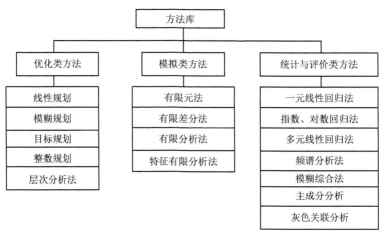

图 5-6　水资源管理方法库

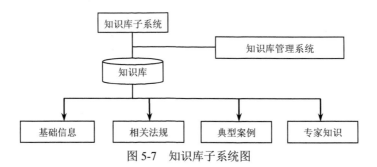

图 5-7　知识库子系统图

5.2.4　系统开发平台

龙口市水资源管理决策支持系统在 Windows 7 操作系统下以.net 为软件开发平台进行研制，数据库采用 Microsoft　SQL Server 2012 数据库，系统中空间数据矢量化采用 ESRI 公司的 ArcGIS10.2 实现，使用 Auto CAD 2014 完成图形处理工作，系统图形编辑功能的实现采用 ESRI 公司的 ArcEngine10.2 进行开发，等值线的绘制使用 Golden Software Surfer 11.0 软件。

ArcEngine10.2 被定位为一个嵌入式的产品，它并非面向最终用户，而是一个面向开发者的产品。对于繁冗的 GIS 开发工作而言，理想的解决方案是一个基于组件的实用的开发框架，且该框架允许解决方案提供商或机构内部开发人员快速构建行业专用 GIS 应用软件。一个 GIS 开发框架应提供应用软件所需的必要的空间分析功能，并允许软件开发人员集中精力构建软件的特定逻辑。ArcEngine10.2 就是这样一个 GIS 框架，它是为响应 ESRI 用户的请求而创建的，可以把丰富的 ArcGIS 技术按产品进行分类，并将其空间分析功能嵌入新的或已有应用软件中。

ArcEngine 既可以将 GIS 功能嵌入到已有的应用软件中，如自定义行业专用产品；或嵌入到商业生产应用软件中，还可以创建集中式独立应用软件，并将其发送给机构内的多个用户。

不仅对于开发者，对于用户，ArcEngine10.2 同样是一个轻量级的产品。使用 Desktop 开发的产品如果交付给用户使用，用户需要购买一套桌面软件，价钱昂贵。而对于 Engine 开发的产品，用户只需要一个 Runtime 即可。

ArcEngine 也是建立在 ArcObject 之上的，ArcObjects 是整个 ArcGIS 软件的核心功能库，它是由平台独立的 COM 对象组成。ArcEngine 在核心 ArcObjects 组件上又做了一次封装，开发人员可以用来构建自定义 GIS 和制图应用程序。这些对象是平台独立的，可以从不同的平台来访问。开发人员可以扩展对象库，并且完全控制应用软件用户界面的外形和感觉。

ArcEngine 由两个产品组成：构建软件所用的开发工具包以及使已完成的应用程序能够运行的可再发布的 Runtime（运行时环境）。ArcEngine 开发工具包是一个基于组件的软件开发产品，可用于构建自定义 GIS 和制图应用软件。它并不是一个终端用户产品，而是软件开发人员的工具包，适于为 Windows、UNIX 或 Linux 用户构建基础制图和综合动态 GIS 应用软件。ArcEngine Runtime 是一个使终端用户软件能够运行的核心 ArcObjects 组件产品，并且将被安装在每一台运行 ArcEngine 应用程序的计算机上。

数据库采用 SQL server 2012，该版本适合中小型企业的数据管理和分析平台，该数据库包括电子商务、数据仓库和业务解决方案所需的基本功能，完全能够满足水资源数据管理的要求。

等值线图采用 Golden Software Surfer 11.0（以下简称 Surfer）完成，Surfer 是一款基于 Windows 操作系统的二维和三维绘图软件，不仅提供了多种插值方法，还具有强大的绘制等值线、3D 立体等矢量图能力。通过 Surfer Automation 技术，在 .net 环境下引入对象编程，在客户应用程序中调用 Surfer 服务器系统的自动化对象的属性、方法实现了等值线图快速自动绘制功能，在后台运行 Surfer 服务器程序，脱离其主控界面，最终提供一种简便、快速的绘图途径，自定义功能强，具有非常强的实用性。

5.3　决策支持系统功能模块

水资源管理决策支持系统由水资源优化配置、数值模拟、水资源评价、水资源保护、水资源监测、灾害风险分析以及数据库管理等模块组成。

5.3.1   水资源优化配置

水资源优化配置是指在一个特定流域或区域内，遵循高效、公平和可持续的原则，通过工程与非工程措施，考虑市场经济规律和资源配置准则，通过合理抑制需求、有效增加供水、积极保护生态环境等手段和措施，对有限的、不同形式的水资源，在区域间和各用水部门间进行时间和空间上的科学分配，其最终目的就是实现水资源的可持续利用，保证社会经济、资源、生态环境的协调发展。

水资源优化配置包括社会经济指标预测、需水预测、供水预测、供需平衡分析、承载力分析和水资源优化配置等六个方面的内容。在需水方面通过调整产业结构与调整生产力布局，积极发展高效节水产业抑制需水增长势头，以适应较为不利的水资源条件。在供水方面则是协调各单位竞争性用水，加强管理，并通过工程措施改变水资源天然时空分布与生产力布局不相适应的被动局面。水资源管理决策支持系统水资源优化配置模块如图 5-8 所示。

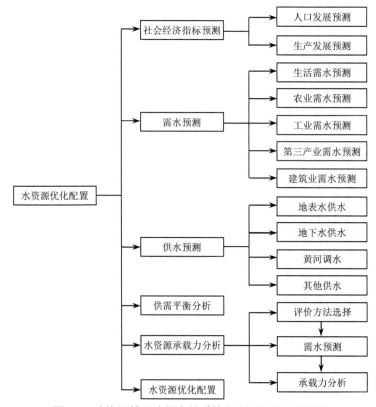

图 5-8   水资源管理决策支持系统水资源优化配置模块

1）供需水平衡：包括供水预测、需水预测和供需水平衡分析。

供水预测：供水包括地表水、地下水、黄河调水、中水回用和雨水利用等。可以按年度和供水保证率进行预测。

需水预测：需水预测包括生活需水、农业需水、工业需水和第三产业和建筑业需水预测等。

2）供需水平衡分析：分为一次平衡和二次平衡。

3）承载力分析：包括评价方法选择、需水预测和承载力分析。

评价方法选择：评价方法主要有常规趋势法、综合评价法、系统动力学法及多目标分析法等。

需水预测：包括生活需水预测、农业需水预测、工业需水预测、第三产业和建筑业需水预测等。

承载力分析：根据研究区发展规划，2020 年人均 GDP 目标将实现 3125 亿元，预测总人口将达到 94.68 万，扣除河道内生态环境用水量，预计 2020 年可供水量 2.5 亿 m^3。以经济最大化、承载人口最多、环境污染最小的排序选择建立目标函数，根据 2020 年发展情景参数建立多目标规划模型，计算时优先考虑河道外的生态环境用水，最终得出 2020 年研究区水资源承载的经济、人口规模和环境污染程度。

4）优化配置：优化配置仍然采用多目标规划方法，综合考虑经济效益、输水制水成本和水量均衡分配这三项指标建立目标函数，建立了研究区水资源配置的多目标规划模型，求解后获得了水资源优化配置方案。

5.3.2 水资源数值模拟

水资源数值模拟主要包含地表水数值模拟，地下水数值模拟、地表水和地下水耦合数值模拟以及水资源随机模拟等，详细内容如图 5-9 所示。

（1）地表水数值模拟

1）地表径流数值模拟。径流模拟是水文模拟研究中最基本、最重要的一个环节，也是研究其它水文问题的前提。结合国外水文模型软件如 TOP MODEL 模型、SWAT 模型和 SHE 模型等完成模拟分析。

2）地表水水质数值模拟。在进行水质模拟时，需要根据研究区客观环境、模型适用范围做出恰当的选择。通常来说，越复杂模型越能较客观地反映现实情况，但是模型一般有更多参数，需要更多必要的输入数据。所以应当根据实际的需要、模型复杂程度、选择适宜的、满足研究需要的水质模型。从使用管理的角度来分类，水质模型可分为：河流、河口（受潮汐影响）模型，湖泊、水库模型，海湾模型等。一般河流和河口模型比较成熟，湖、海模型比较复杂，可靠性小。

（2）地下水数值模拟

1）有限单元法。该方法是解决场问题的常用三种方法之一，其充分利用数学和力学知识解决工程技术问题。其基本求解思想是把复杂的连续体划分为有限多个简单的单元体，单元体之间通过节点进行连接而成为组合体。这样将一个连续的无限自由度问题转化为一个离散的有限自由度问题。在第 3 章中进行的平原区海水入侵数值模拟就是用有限单元法完成的。

2）有限差分法。一种求偏微分（或常微分）方程和方程组定解问题的数值解的方法，简称差分方法。基本思想是把连续的求解区域划分为差分网络， 这些网格点称作节点；把连续求解区域上的连续变量的函数用在网格上定义的离散变量函数来代替；把原方程和求解条件中的微商用差商来代替，积分用积分和来代替，于是原微分方程和求解条件就近似地表示成代数方程组，即有限多个差分方程组，求解方程组就可以得到原问题在离散点上的近似解。然后再利用插值方法便可以从离散解得到求解问题在整个区域上的近似解。

（3）地表水地下水耦合数值模拟

1）边界条件耦合模型。将地下水与地表水的转换关系在时空上进行简化， 将地下水与地表水的相互作用以边界条件的形式表现于地下水或地表水模型中。对地下水或地表水进行单独的模拟，将模拟结果作为地表水或地下水模型的边界条件，从而实现对地下水和地表水的联合调控。

2）交换通量耦合模型。交换通量耦合模型是基于传导性的概念， 假设在地下水系统与地表水系统之间存在一个确定的界面，通过界面以交换通量的形式连接地下水与地表水，交换通量取决于通过界面的水力梯度和界面性质。

3）整体边界耦合模型。针对交换通量耦合模型在耦合方式上存在的缺陷，国外学者提出了一种不基于传导性概念的耦合模型，将具有自由表面的地表水系统作为地下水系统的上部整体边界条件，从而避免使用假想界面和交换通量进行耦合。

（4）水资源随机模拟

1）线性随机模型：主要有自回归模型、混合回归模型等。

2）非线性随机模型：主要有非线性自回归模型、神经网络模型等。

3）非参数随机模型：非参数模型避免了序列相依结构和概率密度函数形式的人为假定，取得了令人满意的模拟效果。对于独立时间序列非参数模拟，主要有Bootstrap（自展法）和 Jackknife（刀切法）两种方法。

4）小波分析模型：小波分析（Wavelet Analysis）具有时频多分辨功能，能充分挖掘水文序列中的信息。

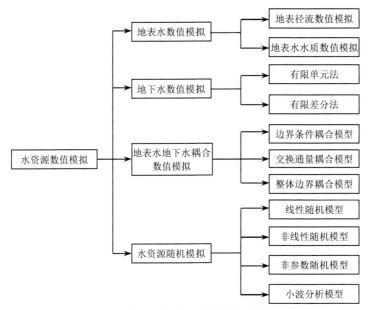

图 5-9 水资源管理决策支持系统水资源数值模拟模块

5.3.3 水资源评价

水资源评价是在水资源调查的基础上，对研究区内全部水资源量、水质及其时空分布特征、可利用水资源量估计、各类用水现状及其前景、评价全区及其分区水资源供需状况及预测、寻求水资源可持续利用最优方案，为区域经济、社会发展和国民经济各部门提供服务。

水资源评价是按照下列原则来实施的：①水资源评价的内容和精度应满足研究区社会经济宏观决策的需要。②水资源评价分区进行。水资源数量评价、水资源质量评价和水资源利用现状及其影响评价均应使用统一分区。各单项评价工作在统一分区的基础上，可根据该项评价的特点与具体要求，再划分计算区或评价单元。③水资源评价以调查、搜集、整理、分析利用已有研究区资料为主，辅以必要的检测和试验工作。分析评价中应注意水资源数量评价、水资源质量评价、水资源利用评价及综合评价之间的资料衔接。④水资源评价使用的各项基础资料要保证其可靠性、合理性与一致性。

水资源评价内容包括水资源数量评价、水资源质量评价和水资源利用评价及综合评价，详见图 5-10。

（1）水资源数量评价

研究区范围划分为东城区、西城区、西部平原区、东部井灌区、东部井渠双灌区、南部山丘区。水资源总量通过地表水资源量加地下水资源量减去重复计算量而求得，计算得研究区多年平均水资源总量为 35903 万 m³，其中，地表水资源量 25159 万 m³、地下水资源量 19044 万 m³、重复计算量 8300 万 m³。

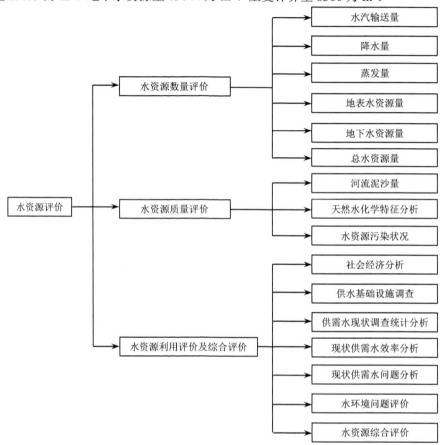

图 5-10　水资源管理决策支持系统水资源评价模块

（2）水资源质量评价

经模型计算，2007 年，研究区内的河道共接受工业废水和生活污水总量 2878.91 万 t，其中，工业废水 2252.71 万 t，生活污水 626.2 万 t。重点污染行业排放的污染物主要为重金属污染物、酸碱及盐污染物、耗氧有机污染物等几类，通过分析试验，黄水河中下游平原区地下水氨氮含量 0.06～0.12mg/L，平均 0.084mg/L，硝酸盐氮 1.61～4.05mg/L，平均 2.9mg/L。滨海及海水入侵区氨氮含量 0.15mg/L，硝酸盐氮 0.32～1.62mg/L。冶基—大杨家的微咸水区氨氮 0.08mg/L，硝酸盐氮 0.42～2.02mg/L。这些污染物均可使水的溶解力、侵蚀性和化学活动性大大增强，破坏了水环境的化学稳定性。

（3）水资源利用评价及综合评价

以 2007 年为基准年，通过对研究区未来人口变化分析，结合近年来人口自然增长率和育龄妇女生育率下降的趋势，模型预测结果分别为：2007-2020 年的平均增长率为 2.16‰，2020 年人口总数将达到 94.68 万人，城市化率为 49.48%。2007 年研究区内第一产业增加值为 45 亿元，工业增加值为 340 亿元、建筑业增加值为 17 亿元和第三产业增加值为 173 亿元。预计到 2020 年，研究区第一产业增加值将达到 138 亿元，第一产业增加值是 2007 年的 3.07 倍；工业增加值将达到 1238 亿元，工业增加值是 2007 年的 3.64 倍；建筑业增加值将达到 84 亿元，比 2007 年增长 4.90 倍；第三产业增加值将达到 826 亿元，比 2007 年增长 4.90 倍。

2007 年研究区内供水设施供水量为 23516 万 m^3，其中，地表水供水量 9642 万 m^3，地下水供水量 13657 万 m^3，其他水源供水量 217 万 m^3，分别占总供水量的 41.00%、58.08% 和 0.92%。可见研究区内供水量中以地下水为主，地表水次之，而非常规水源的利用量仅占 0.92%，

5.3.4 水资源保护

水资源保护的最终目标是为了更好地开发和利用有限的水资源，使之发挥更大的效益，水资源保护主要针对地表水和地下水。

地表水的污染按照进入水体的形式，可分为点污染源和面污染源。

点污染源是指以点状形式排放而使水体造成污染的发生源。这种情况含污染物较多，成分复杂，其变化规律与工业废水和生活污水的排放规律紧密相关，具有季节性和随机性。

面污染源来源于水域的各处集水区域，主要包括农田灌溉、农村中无组织排放的废污水及城市地面和矿山径流冲刷污水与天然污水。其发生时间都在降雨形成径流之时，具有间歇性，遵循降水径流、产流汇流规律，并受下垫面因素制约。

地表水保护分为工程技术措施和非工程技术措施。

研究区地表水保护工程技术措施包括：①节水工程建设：研究区节水工程措施主要表现在农业节水灌溉、城市生活节水和工业节水三个方面。研究区农业节水灌溉覆盖率达到 95% 以上，主要采用加固防渗沟渠，采用喷灌、滴灌、渗灌等节水技术。城市生活用水采用节水设备，防止供水管网渗漏，中水回用。在工业用水方面，推动电力、造纸等高耗水企业进行技术改造，提高生产用水重复利用率，调整工业结构，控制高耗水企业生产规模。②污染源控制。③河道整治。④水源地保护和水土保持工程建设。

研究区地表水非工程技术措施包括：①加强地表水保护法律法规宣传。②通过经济手段，制定用水定额，实行阶梯水价。③将水资源保护规划纳入研究区行

政部门社会经济发展规划。

地下水污染是由于人为因素造成地下水质恶化的现象。地下水污染的原因主要有：工业废水向地下直接排放，受污染的地表水侵入到地下含水层中，人畜粪便或因过量使用农药而受污染的水渗入地下等。污染的结果是使地下水中的有害成分如酚、铬、汞、砷、放射性物质、细菌、有机物等的含量增高。污染的地下水对人体健康和工农业生产都有危害。

地下水污染与地表水污染有一些明显的不同：由于污染物进入含水层，以及在含水层中运动都比较缓慢，污染往往是逐渐发生的，若不进行专门监测，很难及时发觉；发现地下水污染后，确定污染源也不像地表水那么容易。更重要的是地下水污染不易消除。排除污染源之后，地表水可以在较短时期内达到净化；而地下水，即便排除了污染源，已经进入含水层的污染物仍将长期产生不良影响。基于以上原因，更要加强地下水的保护。

地下水保护分工程技术措施和非工程技术措施，水资源管理决策支持系统主要体现对地下水污染风险、脆弱性、价值等进行评价，污染风险分区等方面，详见图 5-11。具体方法见第 4 章。

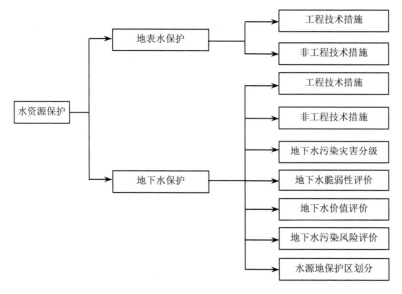

图 5-11　水资源管理决策支持系统水资源保护模块

5.3.5　水资源监测

水资源监测是水资源管理与保护的重要手段，如何高效、实时地获取水环境参数、研究开发水环境监测新方法，已成为水资源管理与保护的一项重要任务。

现有的水环境监测方法主要分为三种方法：

1）人工定期或不定期到研究区现场采样，回到单位进行化验、水质分析。

2）建立专线水环境监测网络系统。该网络由远程监测中心和若干个监测子站组成。

3）无线传感器网络监测系统，该系统是由大量无处不在的、具有无线通信与计算能力的微小传感器节点构成的自组织分布式网络系统。

前两种传统的监测方法存在着对原有生态环境影响大、数据采集点少、监测范围有限、人员成本高、系统价格昂贵、需预先铺设电缆等缺点。

龙口市水资源管理决策支持系统根据无线传感器网络的基本理论和水资源监测的实际需求，采用基于无线传感器网络的水资源实时自动监测网络，该技术能够在线实时测量水位、水温、pH 值、电导率、浊度等参数，利用监测区域协调器节点和远程监测中心（PC 机）之间的通信，把经过处理的测量结果存储在监测中心内，并动态地显示出来，并把参数数据作为水资源管理决策支持系统的输入数据。

5.3.6 灾害风险分析

水灾一般是指洪水泛滥、暴雨积水和土壤水分过多对人类社会造成的灾害。本研究主要涉及研究区山洪灾害风险分析和生态安全评价。

（1）基于 GIS 技术的研究区山洪灾害风险评价作业流程

1）研究区山洪灾害风险分析指标体系的建立。在对研究区实地考察和已有资料分析的基础上，综合考虑山洪孕灾环境、致灾因子和承灾体诸要素以及所获取的资料，兼顾 GIS 存取、表达和计算，对山洪灾害风险分析要素与指标进行了选择。将指标体系输入到灾害风险分析指标模型里面。

2）研究区山洪灾害风险性分析。基于洪灾风险理论以及山洪的形成机制，首先对山洪灾害危险性因子与易损性因子进行分析的基础上，对山洪灾害危险性分析与社会经济易损性进行了综合分析。最后依据风险=危险性×社会经济易损性，完成了研究区山洪灾害风险性分析。

3）研究区山洪灾害风险评价。从洪灾形成的背景与机理，对影响洪水形成的各种因子进行分析。借助指标模型对各风险评价要素进行综合，根据最后运算后的综合影响度值大小，进行研究区山洪灾害风险评价，并对评价结果进行了相应分析。

（2）基于 RS 与 GIS 的研究区生态安全评价作业流程

1）研究区生态安全评价指标体系的建立。针对研究区生态安全现状，基于压力-状态-响应模型框架建立了包括自然环境状态、人类社会压力、人类社会响应三方面共 9 个要素指标层 17 个具体指标因子的生态安全评价指标体系，并将指标体系输入到生态安全评价模型中。

2）生态安全评价因子信息的提取。通过 ENVI 软件，对遥感影像进行一系列校正、增强等处理后，提取土地利用/土地覆被，植被覆盖度，水土侵蚀强度等因子信息。运用 GIS 手段并结合一些气象资料、地貌地形资料和社会统计资料来求得其它生态安全评价因子数据。

3）生态安全评价指标因子数据的采集和输入。采集生态安全评价指标因子数据，并按照统一的数字环境框架规范化、标准化输入到系统数据库中。生态安全评价因子数据包括基础要素数据、地形地貌数据、气象因素数据、自然环境现状数据、社会属性数据、生态压力数据等。

4）生态安全评价指数的计算。应用生态安全评价模型对指标因子进行分级标准化处理，然后分别从自然环境状态、社会压力、社会响应三个方面计算单因子生态安全指数。

5）生态安全评价指数的分级。按照生态安全评价模型对综合指数进行分级，一般划分为五个生态安全等级，研究区生态安全指数处在安全和基本安全两个等级之中。

5.3.7　数据库管理

水资源管理数据库模块包括数据录入、数据导入、数据编辑、数据导出等，如图 5-12 所示。

1）数据录入：负责研究区自然地理类、社会经济类、水资源类、生态环境类等的录入。

自然地理类：主要包括研究区水资源分区状况、河流形状、河流位置、河流长度、水库形状、水库位置、土壤类别等数据。

社会经济类：主要包括研究区人口、国民生产总值等数据。

水资源类：水资源信息通常包括研究区大气降水信息、地表水信息、地下水信息及水资源工程信息等。地表水信息通常包括河流流量信息，河流水质信息，水文监测信息，排污口监测信息，地表水资源量、可利用量信息等；地下水信息通常包括各种监测井监测信息，地下水水质信息，开采井信息，地下水资源量、可利用量信息等；水资源工程信息通常包括堤坝、河段、水库、水闸信息，地下水库信息等。

生态环境类：生态环境信息主要包括研究区地面沉降信息、污染河流信息、降落漏斗信息、滨海海水入侵信息、湿地退化信息等。

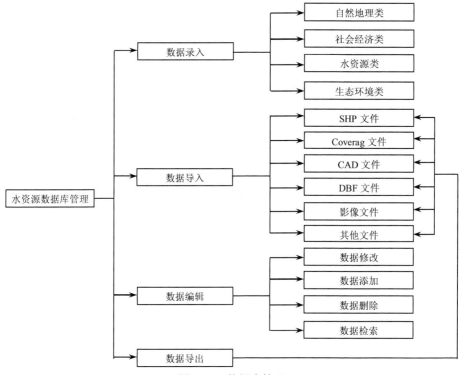

图 5-12　数据库管理

2）数据导入：负责各种常用数据格式的数据导入（SHP 文件、Coverage 文件、DWG 文件、DXF 文件、DBF 文件等）。

3）数据编辑：负责数据添加、修改、删除、检索等。

图层管理：主要完成图层添加、图层属性、删除图层等。

空间数据编辑：主要完成空间数据添加、修改、删除等操作。

属性数据编辑：主要完成属性表的修改、字段添加、删除等操作。

4）数据导出：负责常用数据格式的数据导出（SHP 文件、Coverage 文件、DWG 文件、DXF 文件、DBF 文件等）。

5.4　决策支持系统的部分功能界面

决策支持系统采用现有应用模型软件和模型库相结合的方式，充分利用已有模型软件解决水资源优化配置、数值模拟、水资源评价、水资源保护、水资源监测、灾害风险分析以及数据库管理等问题，在此基础上，结合龙口市特点，建立适宜的模型，为决策支持服务。

5.4.1　登陆界面

　　建立龙口市水资源管理决策支持系统的目的是为方便对海量水资源信息进行集中管理，这个过程涉及信息的公开程度和数据安全性两方面的管理要求，因此对系统设置了密码保护措施。同时考虑到信息录入和准确性校正等工作对管理水平要求较高，系统对不同用户的管理权限进行分级：分为管理员和普通用户两类。管理员可以通过系统的注册功能添加管理员和普通用户，普通用户则只能对系统进行浏览、查询，流程如图 5-13 所示。

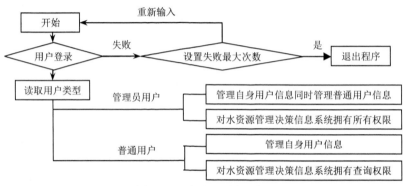

图 5-13　登录界面流程图

　　系统用户注册要求用户名和密码两项内容，一个用户名只能对应一个密码，用户名不能为空、不能重复。登录之后，系统将根据用户名对用户的管理权限进行判断。系统登录界面分为两个输入框：用户名和密码。在登录过程中如果用户名和密码连续错误三次，系统将自动退出，系统登录界面如图 5-14 所示。

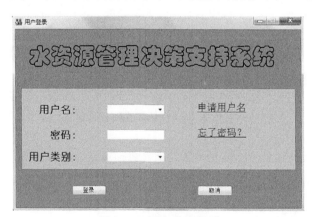

图 5-14　用户登录界面

　　一般用户在登录界面完成登录后，不能进入用户管理界面，而是直接进入系统主界面。管理员用户完成登录后，系统提示管理员是否进入"用户管理界面"，点击"确定"按钮进入该界面，点击"取消"按钮进入系统主界面，图 5-15 为提示界面。

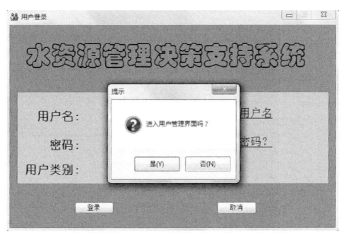

图 5-15　提示界面

　　用户管理界面如图 5-16 所示，管理员用户在该界面可以完成添加、编辑、删除、保存操作。

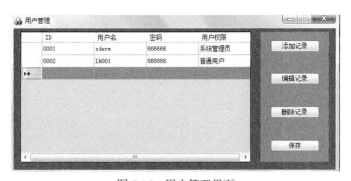

图 5-16　用户管理界面

5.4.2　决策支持系统主界面

　　当用户正确输入用户名和密码后，系统会自动进入水资源管理决策支持系统主界面。水资源管理决策支持系统共分 7 个模块，各模块之间相对独立，数据库管理模块主要提供数据支持，前六个模块可自动从数据库中提取各种类型数据。系统主界面如图 5-17 所示。

图 5-17　系统主界面

5.4.3　水资源优化配置

图 5-18 为水资源优化配置界面，该界面加载后只有主菜单，通过点击主菜单生成子菜单，实现过程如图 5-18 所示。

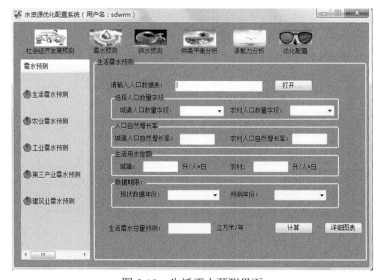

图 5-18　生活需水预测界面

在图 5-18 中，通过点击"打开"按钮，完成数据输入，选择人口数量字段和数据期限，点击"计算"命令按钮，完成生活需水总量的计算工作，如图 5-19 所示。

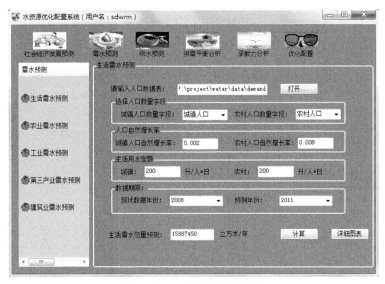

图 5-19　生活需水预测结果

　　点击"详细图表"，可显示饼图或柱状图，如图 5-20 所示，显示了 2008 年、2009 年和 2010 年的生活需水总量。

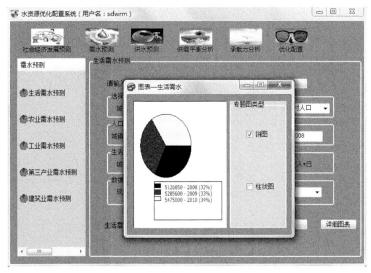

图 5-20　饼图

5.4.4　水资源数值模拟

　　水资源数值模拟界面由地表水数值模拟、地下水数值模拟、地表地下水耦合数值模拟以及水资源随机模拟组成。图 5-21 显示的是地下水数值模拟中监测井的数据，图形显示采用 ArcEngine 组件，可以查询监测井的空间信息和属性信息。

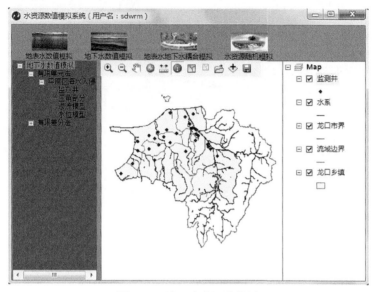

图 5-21　地下水监测井位置

　　本章所阐述的水资源管理决策支持系统是基于美国 ESRI 公司的 ArcEngine 组件结合水资源模型集成开发，系统采用了 C/S 和 B/S 结合的模式，包括数据库、模型库、方法库和知识库及其管理系统，实现了水资源优化配置、水资源数值模拟、水资源评价、水资源保护、水资源实时监测等方面的功能，为实现水资源科学管理和优化调度提供了良好的基础信息平台，为水资源管理决策提供了技术支持。

第6章　水资源利用综合措施

6.1　工　程　措　施

（1）防治海水入侵地下坝工程

河口地下坝工程是指在滨海平原河口地区采取高压喷射灌浆、静压灌浆等方法建设的地下坝。研究区于 1995 年在距海边 1.2km 处构筑了 1 道地下防渗坝，该坝长度 5996m，平均高度 40.1m，最大坝深 43.4m，截面总面积 159812.6m^2。该坝具有拦截地下入海潜流和阻挡海水内侵的双重作用。坝前形成的地下水库容 5359万 m^3，最大调节库容 3929 万 m^3。

（2）节水工程

在农业节水方面，研究区管道灌溉 27 万亩、微灌 4 万亩，各类节水工程年节水量达到 5000 多万 m^3。研究区南部山区为山东梨、苹果基地，中部平原为蔬菜、草莓基地，北部沿海为葡萄、特种养殖基地，在未来的 10~20 年，还需要根据不同的作物和果树品种，因地制宜地选取不同的节水灌溉模式，推动农业节水不断向标准化的方向发展；在未来的农田水利建设中，对于大田作物，建议进一步推广和应用管道灌溉、防渗渠道为主的节水灌溉技术；对于果树等高效经济作物，建议发展微喷、滴灌、低压喷水带工程技术；对于蔬菜等经济作物，主要推广微喷灌、喷水带喷灌工程技术；对于高标准农业产业区，大田作物主要推广高标准管道输水灌溉技术。此外，为了提高农村水利现代化水平，可以适当发展信息农业自动化控制的精准灌溉工程。

在工业用水方面，要严格实行水资源论证审批制度，积极推行节水技术改造，严格计量收费制度，对工业取用水量实行有效控制。鼓励企业采用先进的节水工艺，提高冷却水重复利用率；禁止生产、销售落后的高耗水设备和产品；对于一些用水大的生产企业应进行水质处理，提高水的重复利用率。

在城镇生活方面，要进一步降低管网漏失率，杜绝跑、冒、滴、漏等现象；对节水产品进行认证，提高节水器具普及率；对生活用水器具进行节水改造，提倡、鼓励城镇居民安装节水器具，提倡安装中水管道系统，分质供水。在有条件的机关学校和居民小区，鼓励兴建雨水收集系统。

此外，还要积极利用各种宣传媒体，加强节水宣传工作。通过宣传教育提高广大居民的节水意识，使人们逐步形成节约用水光荣，浪费水资源可耻的良好心态，使节约用水变成广大居民的自觉行动。

（3）水系联网工程

为了进一步增加汛期雨洪水拦蓄量，提高综合供水保证率。缓解水资源供需矛盾，应该进一步加强水系联网工程建设。因此，建议将王屋、北邢家、迟家沟、员外刘、安家、苏家沟等几个水库有机地联系起来，实现水库串联及联合供水。

（4）闸坝体系工程建设

滨海河道源短流急，利用河道闸坝与补源渗井工程相配合，可以对地表径流进行梯级拦截，形成地表和地下复合的促渗补源工程。区内的黄水河主干河道中下游已经修建了 7 座大型水力自控式拦河闸。目前 7 座拦河闸一次性蓄水能力为 606 万 m^3，年复蓄水量 1800 万 m^3。为了扩大地表水的拦蓄量，需要进一步加强全市各流域主河道拦河闸坝建设，以蓄促渗，提高傍河地下水源地利用效率，实现地表水、地下水的联合调度。

（5）回灌补源工程

区内的黄水河中下游河道及其主要支流中河床以下 2m 内土壤岩性主要为亚砂土、亚黏土，其分布面积占河床总面积的 61%，由于表层土渗透系数小，削弱了地表径流向地下转化的能力。为了加大地下水补给，1995 年，在建设地下坝的同时，该市在该地段建设了渗井 2218 眼、机钻渗井 300 眼、集水渗盆 773 个、集水渗沟 448 条，形成了人工与机钻渗井相结合、集水渗盆与渗沟相结合的复合地下水促渗工程，强化了地表水向地下水的转化。

由于地下水库修建时间已久和泥沙等的淤积，大部分渗井、渗盆已经失去作用，使得地下水库补给量减少，因此，积极探讨不同类型人工地下水回灌工程的阻塞机理，提出适合当地的物理和生物阻塞治理对策是保持回灌能力的重要措施。

目前的回灌补源工程多集中在黄水河下游区，为了扩大回灌补源的效果，充分利用汛期的雨洪资源，在今后的河道治理工程规划和建设中，应该积极地增加平原区支流河道的补源工程数量，例如小型翻板闸和支流渠道上的渗坑和渗井，使回灌补源的方式由线补转化为面补。

（6）污水处理与再生水回用工程

应进一步加大工业生活污废水再生资源化力度；在工业企业内部提倡一水多用，大力开展工业用水循环利用和污废水联片处理，提高中水利用率。

龙口市现有污水处理厂 3 座，分别为南山集团污水处理厂、黄城污水处理厂和龙口污水处理厂。其中，南山集团污水处理厂处理能力为 10 万 m^3/d，目前污水处理规模 2 万 m³/d；黄城污水处理厂处理能力 4 万 m³/d，龙口污水处理厂处理能力 2.5 万 m³/d。通过对现有污水处理厂的扩建和新建污水处理厂，2030 年龙口市污水处理能力可以达到 20 万 m³/d。

对分布松散的乡镇企业排放的经过处理且已达标的污水，可以通过工程措施集蓄起来用于农田灌溉，对污水处理厂处理的中水，可以输送到对水质要求不高的企业使用。

（7）海水利用工程

在滨海地区，积极兴建海水直接和间接利用工程，替代淡水资源，可在一定程度上缓解滨海地区水资源供需矛盾。龙口电厂循环冷却年利用海水约 2 亿 m³。为了扩大海水使用量，对能够直接利用海水的相关行业要不断地进行技术改造，扩大海水利用量。

在沿海地区，尤其是建成区和海水入侵区，海水淡化将成为淡水供水的一个重要补充水源。

目前海水淡化成本还比较高，随着科技的不断进步，社会经济的发展，扩大海水淡化的规模是必然趋势。

（8）雨洪水利用工程

兴建各类雨洪水利用工程，可以有效地提高雨水利用效率，其途径如下：

1）城市雨洪水利用。城市雨水的利用是一个系统工程，将城市规划、城市防洪、雨水综合利用结合起来，可以实现城市发展与生态环境平衡的和谐统一。主要利用途径一是采取多种措施促雨水下渗，回补水源；二是兴建蓄水池储存雨水。城市雨水利用不仅可以缓解城市用水，而且有利于城市防洪，减少城市水土流失，需要政府在政策上科学引导，统一规划，逐步推行。

2）农村雨水利用。农村雨水利用的主要途径有：一是推广免灌技术，纳雨蓄墒；二是窖窖贮雨，补充农村居民饮水；三是修建集雨水池，补充农田灌溉用水；四是山区集雨，改善生态环境。此外，对病险水库进行除险加固也是提高洪水利用的重要工程措施。

3）由于地下水长期过量开采，造成海水入侵等生态问题。因此，积极修建集雨回灌工程，可以增加地下水的补给量。还可以在河道上修建小型翻板闸和渗井等小型水利工程，增大雨水下渗量。此外，还可利用河网入渗以及回灌补源工程增强水资源地下调蓄能力。

（9）水资源监测工程

水资源长期动态监测工作是对地表水和地下水进行综合治理的重要措施。龙口市已经实施了取水远程实时监测（控）网络系统建设，对大型自备水源取用水户实施监控，重点监测供水水源地、城镇近郊及大型企业、重大水利工程、矿产能源开采区。区内还将布设区域控制监测站、地表水与地下水转化监测站和生态环境监测站（包括超采区监测站和海侵区监测站）。

针对地表水库库区上游汇水区及周边生产、生活污水相对集中排放区、在水库水位较低和气温较高时，要适当增设水质检测点，适时增大水质检测密度，及时掌握水库水质变化情况。

在整个黄水河流域范围内要尽快建立、健全地下水监测网络，并不断调整优化，实行面上监测与重点监测相结合，及时掌握因开采而引起的水位、水质变化规律。

（10）农业污染源控制措施

1）肥料污染控制。要大力发展生态农业、发展无害化果树和无害化蔬菜基地，推广生物防治病虫害，逐步削减化肥施用量，减少农业面源污染，大力推广营养元素流失量低的生态复合肥、微生物肥、绿肥等，大力发展喷灌、微灌等高标准节水工程，改善流域上游山区农业生态系统的状态，从而有效保护地下水资源。

实践证明，"配方施肥"和"测土施肥"是增加产量提高肥料利用率行之有效的措施，应根据作物需肥习性和现状水平，结合土壤肥力特点进行施肥；还应大力推广节水灌溉，减少因大水漫灌造成的肥料流失，提高水、肥利用效率。

在肥料对地下水的污染源中，以氮肥为甚，造成地下水的硝酸盐污染。因此在水源地和硝酸盐特殊脆弱性区要更加严格控制氮肥的施用量，鼓励农民种植耗氮低和氮利用率高的作物。

2）农药污染控制。农药对地下水的污染程度与农药品种和土壤类型有着密切的关系。要根据土壤类型和作物特性，制定相应的农药施用种类、施用量、施用时间的规则，科学引导农民防治病虫害；有条件的地区可以进行土壤改良，如调节土壤结构、黏粒含量、有机质含量、土壤 pH 值和微生物种类数量等来提高土壤对农药的降解能力，这些对于减轻农药对地下水的危害都有很大的意义。

6.2　非工程措施

（1）法律法规及行政措施

1）法律法规及规章制度。严格落实我国《中华人民共和国水法》《中华人民共和国环境保护法》《中华人民共和国水污染防治法》《中华人民共和国防洪法》《中华人民共和国水土保持法》《中华人民共和国河道管理条例》《取水许可和水资源费征收管理条例》等国家法律法规及管理办法、条例，按照《山东省实施〈中华人民共和国水法〉办法》《山东省节约用水管理办法》等省级管理办法和《龙口市水资源管理办法》《龙口市节约用水办法》《龙口市供水管理办法》等县级管理办法的要求进行流域水资源管理。严格按照建设项目水资源论证、水土保持方案编制和防洪影响评价等制度要求，进行建设项目建设管理。

应尽快出台龙口市水资源保护、水权转让、水资源监测等管理办法并建立相关管理制度；尽快制定该市水资源规划、防洪规划、水资源保护规划、水源保护区划分、水功能区划、纳污能力、地下水库水资源保护规划等行政支持文件。

2）行政措施。严格按照各级法律法规、管理条例、管理办法的规定，加强对水资源管理中的水资源开发、利用、节约、保护、配置等各个环节的管理力度，建立统一的管理机构，严格水资源管理，加大水资源管理执法力度。水资源的开发要进行流域统一规划，充分做好前期论证，科学合理的对水资源进行开发，避免水资源开发的盲目性；对于水资源的利用，水行政主管部门要严格落实各项管理规定，加大监督管理力度，对于违规取用水的情况应及时制止，并给予严厉处罚；对于水资源的节约，应出台相应政策，鼓励工业生产和居民生活节水；积极采取农业节水措施，兴建农业节水工程；积极鼓励水资源浪费严重的企业实施技术改造；积极引进先进节水设备，并从政策上给予鼓励，同时加大节水宣传，提高居民的节水意识，加快节水型社会建设的步伐；积极开展节水型企业、节水型社区的试点与示范工作；对于水资源的保护，采取行政措施对污染物向水体的排放、污水处理厂的运行进行有效管理；严格控制水体污染物的排放，对污水处理厂的有效运行给予扶持，积极鼓励污水处理厂再生水的回用，加大水污染事故的监督和执法力度，做好重大水污染事件的应急预案；对于水资源的配置，要在流域水资源统一管理与规划的基础上，综合考虑各用水户的水量和水质要求，实施分质供水。

（2）加强龙口市水资源的统一管理

落实最严格的水资源管理制度，实现水资源的统一管理符合水资源的自然属性，是确保社会经济可持续发展的必然选择，可以提高水资源管理的效率，并且有利于水资源的高效配置。该区各流域水资源统一管理应包括自然系统的统一和人类影响系统的统一。

1）自然系统的统一包括：①该市各流域淡水管理和入海口咸水管理的统一。对入海口咸水和淡水进行统一管理，根据流域下游地下坝的运行情况，处理好咸水与淡水的相互关系。②土地利用与水管理的统一。土地的利用和植被状况可以影响到水的自然分布和水质，因此在水资源的全面规划和管理中应考虑土地利用影响。③地表水与地下水管理的统一。地表水和地下水是水文循环系统的重要组成部分，水资源管理必须考虑两者之间的统一关系。④水量和水质管理的统一。水量和水质是供水管理中的重要影响因素，两者缺一不可，因此水资源管理必须考虑两者的统一关系。⑤各流域上下游利益之间的统一。水资源管理应综合考虑黄水河上下游间水资源自然分布状况、水量、水质、防洪、水生态等影响因素，协调好上下游间的利益冲突。

　　2）人类影响系统的统一包括：①清洁水管理和污水管理的统一。污水处理后可以作为清洁水的有效补充和替代水资源，而如果不处理直接排放进入清洁水体，将会使清洁水源遭受污染，减少水资源的可利用量，因此应考虑清洁水和污水的统一管理。②供水管理和需水管理的统一。供水管理是以需定供的水资源管理模式，而需水管理是以供定需的水资源管理模式，两者对立统一，都是不可或缺的。保持水资源的供需平衡需要调节供水与需水的矛盾，在充分考虑相应措施减少需水量的基础上，适当的建设开源工程，以克服水资源短缺时盲目无序开发利用水资源。③资源管理和资产管理的统一。资源管理是把水资源作为一种资源从物质形式上管理，包括权属管理、动态管理和开发利用管理；而资产管理是把水资源作为一种商品，投入社会再生产，包括水权、水市场、水价管理。由于水资源的公共产品属性，不能单纯地使用资源管理和资产管理，只有二者统一，将行政调解和市场调节相结合，才能保证水资源的优化配置，提高水资源的管理效率。④城市水资源管理和农村水资源管理的统一。城市与农村水资源的统一管理就是城乡水务一体化管理。龙口市水资源行政管理应统筹流域内城乡水资源的开发、利用、节约、保护与配置，统一调度各种水资源，统筹考虑城乡供水、排水节水、治污、污水处理回用等方面的关系。⑤流域管理与行政区域管理的统一。在建立各流域管理机构的基础上，建立流域管理与各县级区域管理的和谐关系，正确划分流域与区域管理的事权，切实履行流域水行政管理职责。⑥宏观调控管理和市场配置管理的统一。该市各流域水资源管理应在坚持政府宏观调控的基础上，积极发挥市场配置水资源的作用，建立水权转让机制，兼顾效率与公平，在保障粮食安全和农村居民基本利益的前提下，鼓励水资源投入到效率高的行业、企业中，促进节约用水，并协调好工农业争水的权益关系，使有限的水资源发挥最大的效益。

　　（3）实施各种水源的统一调度与优化配置

　　龙口市水资源包括地表水、地下水以及再生水、雨洪、海水等非常规水源，另外胶东调水通水后还有黄河水和长江水。要对以上各种水源进行统一调度与优化配置，根据各部门用水水量和水质要求，制定供水规则，优水优用，分质供水，充分发挥各种水源的利用效率。

　　（4）建立有效的地下水、地表水水源保护区

　　通过深入调查分析，选用合理的方法研究适用于研究区水源地划分方法，建立水源地保护区，针对不同保护区制定相应的水源地保护措施。严格用水计划的审批；在严重超采区和海水入侵区，禁止开采地下水；制定合理的水资源费标准。

（5）加强水污染的治理

为了遏制水污染的进一步恶化，保护有限的水资源，该市积极开展了大规模的水环境治理工程和河道环境综合整治活动，逐步关闭了小造纸、小化工等企业，从源头上遏制了黄水河流域生活、生产废水的排放；为了加强城市污水处理厂的运行管理，要积极进行城市污水处理，并按有关要求达标排放，形成与城市发展相适应的污水处理能力和标准；在企业内部提倡一水多用，大力开展工业用水循环利用和工厂废水联片处理，提高中水利用率。此外，还要严格控制污水排放，使一些较为分散的企业废水通过集中排放管道进入污水处理厂；要科学施肥和控制农药使用量，降低农业施肥的流失量，减少对地下水的污染。要大力发展生态农业、无害化果树和蔬菜基地，推广生物防治病虫害，逐步削减化肥施用量，减少农业面源污染，提倡应用生态复合肥、微生物肥、绿肥等；大力发展喷灌、微灌等高标准节水工程；改善流域上游山区农业生态系统的状态，从而有效保护地下水资源。

（6）加强水资源监督管理体系建设

加强以水量水质监测、取水许可审批、计划用水与节约用水、取用水统计管理与资料分析等为主要内容的水资源管理信息系统的建设；明晰水权，建立水市场制度，进一步完善建设项目水资源论证制度，全面落实取水许可审批制度；以流域为单元，开展水资源的科学利用和优化配置；建立健全完善的水资源费征收管理体系。

目前，由于农业灌溉、工业用水量日益增多，且主要是开采地下水，在开采过程中缺乏科学依据，没有统一管理措施。因此，要制定出切实可行的科学管理办法，执行地下水源地保护管理条例与办法。实行"取水许可制度"，合理开采利用地下水。龙口市在黄水河流域已经划定了地下水禁采区和限采区，并实行了用水企业取水许可制度，在其他流域也要推广这项工作成果。

（7）加强科教与宣传

水资源问题已经演化成为一门涉及自然、经济、社会、人文等综合性的问题，既有众多的基础性课题需要研究，又有大量应用性问题亟待解决。水资源可持续利用需要不断研究，不断完善，这就需要相关的教育培训，需要公众的广泛参与。要应对重大和复杂的水资源问题，关键在于科学治水，在于大众参与，要依靠科技创新和科技进步促进水资源的合理开发、高效利用、全面节约、有效保护和综合治理，靠社会各界的积极关注、广泛参与、密切配合。

开展水资源方面的课题研究其总体目的是为了实现水资源开发利用、经济高速增长与良好生态环境的协调发展，探讨水资源可持续利用的方式和对策。这需要将水资源、社会经济和生态环境统一起来研究，目前这方面的研究已经引起了国家的重视。

在教育培养人才方面，目前水资源教育体系基本上是在培养工程师，知识相对单一，生态环境学、经济学、社会学等方面的知识背景不足，尤其是应用这些学科先进成果解决问题的能力不足，对如何协调水资源、生态环境、社会经济考虑不足或不到位。针对这些情况，科研人员业务能力的提高可以采取开设各类相关专业的培训班的形式，对薄弱业务知识进行必要的加强。

宣传和公众参与不是法规和经济手段等的代用品，但确是非常有用的补充办法。能为水资源可持续利用提供额外的刺激和鼓励，并且实施成本低，也不需要强迫执行；在进行公共事业规划和决策时，通过征询其他领域专家与公众的意见，协调相关部门、地区、单位和个人等不同利益集团的关系，现在已逐步成为国际上通行的惯例。公众包括环保组织、人民团体、地方行政官员、消费者组织、行业组织、工会等利益相关者群体。

通过各种形式的宣传，如通过电视、广播、报纸等媒体宣传，宣传车下乡、发放宣传单、明白纸及树立宣传牌、环保提示牌等多种形式的宣传，特别是对广大的农村人群在发展绿色环保农业、减少无机肥料的使用和发展节水农业、减少灌溉用水量等方面的大力宣传，充分唤起大众的环保意识和水忧患意识，养成并保持保护环境、节约用水的生产和生活习惯，也是保证水资源可持续利用的必要而有效的措施。

参 考 文 献

[1] 钱正英，张光斗. 中国可持续发展水资源战略研究综合报告及各专题报告[M]. 北京：中国水利水电出版社，2001.

[2] 朱一忠.西北地区水资源承载力理论与方法研究[D]. 北京：中国科学院地理科学与资源研究所，2004.

[3] 汪党献，王浩，马静. 中国区域发展的水资源支撑能力[J]. 水利学报，2000(11)：21-26.

[4] 成建国.水资源规划与水政务管理实务全书（上）[M]. 北京：中国环境科学出版社，2001.

[5] 章光新，邓伟，邵立芝. 龙口市海水入侵动态系统分析与防止对策[J]. 环境污染与防治，2001，23(6)：317-319.

[6] Norman.J.Dudely.Optimal interseanal Irrigation Water Allocation.Water Resource. 1997, 7(4), 25-36.

[7] Subhankar Karmakar, P. P. Mujumdar.Grey fuzzy optimization model for water quality management of a river system. Advances in Water Resources. 2006, 29(7).

[8] 贺北方. 区域可供水资源优化分配的大系统优化模型.[J]. 武汉水利电力学院学报，1988(5)：109-118.

[9] 吴泽宁，蒋水心，贺北方，等. 经济区水资源优化分配的大系统多目标分解协调模型[J]. 水能技术经济，1989(1)：1-6.

[10] 聂相天，邱林，等. 水资源可持续利用管理不确定性分析方法及应用[M]. 郑州：黄河水利出版社.1999.

[11] 马斌,解建仓,等. 多水源饮水灌区水资源调配模型及应用[J]. 水利学报.2001(9)：59-63.

[12] 吴险峰，王丽萍. 枣庄城市复杂多水源供水优化配置模型[J]. 武汉水利电力大学学报.2000，33(1)：30-32.

[13] 王劲峰，陈红焱，等.区域发展和水资源利用透明交互决策系统[J]，地理科学进展，2000(1)：9-13.

[14] 王浩，秦大勇，王建华，等. 西北内陆干旱区内水资源承载力研究[J].自然资源学报，2004，19(2)：152 -158.

[15] 李小琴. 黑河流域水资源优化配置研究[D]. 西安：西安理工大学. 2005.

[16] 沈钜龙，马金辉，马正耀，等. 基于 GIS-WEAP 模型的民勤水资源模拟与规划研究[D]. 兰州：兰州大学，2008.

[17] 胡立堂，王忠静，等. 改进的 WEAP 模型在水资源管理中的应用[J]. 水利学报，2009，40(2)：173-179.

[18] 张力春. 吉林省西部水资源可持续利用的优化配置研究[D]. 吉林大学，2006：2-4.

[19] 王小娟. 国内水资源优化配置研究综述[J]. 山西水利科技，2009(2)：63-65.

[20] 刘长顺. 流域水资源合理配置与管理研究[D]. 北京：北京师范大学，2004.

[21] 尤祥瑜，谢新民，孙仕军，等. 我国水资源分配模型研究现状与展望[J]. 中国水利水电科学研究院学报，2004，2(2)：131-140.

[22] 王顺久，张欣莉，倪长健，等. 水资源优化配置理论及方法[M]. 北京：中国水利水电出版社，2007.

[23] Yates D, Purkey D, Sieber J, et al. WEAP21 —A demand, priority, and preference driven water planning model (Part1): Model characteristics[J]. Water Intemational, 2005, 30: 487 -

500.

[24] 李燕，李恒鹏.基于 WEAP 模型的西苕溪流域水质安全保障方案[J].水科学进展，2010，21(5)：666-673.

[26] 沈晓娟，徐向阳，刘翔，等. 三标度法在水资源配置方案优选上的应用[J]. 水电能源科学，2006，24(4)：16-18.

[27] 程广利，蔡志明. 改进的层次分析法在水下信息战人才胜任力评估中的应用[J]. （缺期刊明）2010，29(3)：10-13.

[28] 张卫中，陈从新，张敬东. 改进的 AHP 及其在地震易发程度分区中的时间[J]. 土木建筑与环境工程，2009，31(2)：85-89.

[29] 张丽君. 地下水脆弱性和风险性评价研究进展综述[J].水文地质工程地质，2006(6)：113-119.

[30] 陆雍森. 环境评价[M]. 上海：同济大学出版社，1999.

[31] USNRC. GROUND WATER VULNERABILITY ASSESSMENT[M]. Washington D C: National Academy Press, 1993.

[32] 粟石军. 基于 GIS 技术的地下水重金属污染综合风险评价研究[D].长沙：湖南大学，2008.

[33] 张保祥. 黄水河流域地下水脆弱性评价与水源保护区划分研究[D]. 北京：中国地质大学，2006.

[34] 胡二邦. 环境风险评价使用技术和方法[M].北京：中国环境科学出版社，2000.

[35] Michael R, Burkart, Dana W, et al. Assessing groundwater vulnerability to agrichemical contamination in the midwest U S[J]. Wat. Sci. Tech., 1999, 39(3):103-112.

[36] 姜桂华，王文科，乔小英，等. 关中盆地地下水特殊脆弱性及其评价[J].吉林大学学报（地球科学版），2009，39(6)：106-110.

[37] Secunda S, Collin M L. Groundwater vulnerability assessment using a composite model combining DRASTIC with extensive agricultural land use in Isreal's Sharon region[J]. Journal of Environmental Management, 998(54):39-57.

[38] Stephen Foster, Ricardo Hirata, Daniel Gome, et al. Groundwater Quality Protection, a guide for water utilities, municipal authorities, and environment agencies[M]. Washington D C: The World Bank, 2002.

[39] Zaporozec A. Groundwater contamination inventory, A methodological guide[C]. IHP-VI, UNESCO, 2002.

[40] 曾明荣，王成海. 模糊数学在水质评价中的应用[J]. 福建环境，1999，16(5)：7-9.

[41] 周文华，王如松. 基于熵权的北京城市生态系统健康模糊综合评价[J].生态学报，2005，25(12)：3244-3251.

[42] 蔚辉. 北京城近郊"三氮"特殊防污性能评价[D]. 北京：中国地质大学（北京），2007

[43] 谢季坚，刘承平. 模糊数学方法及其应用[M]. 武汉：华中科技大学出版社，2000.

[44] 孟晓路，等.基于 GIS 平台辽阳市水资源管理信息系统的设计与功能[J].节水灌溉，2008（8）.

[45] 宫辉力.GIS 技术支持下的城市水资源管理[J].工程勘察，1998(1) .

[46] 朱雪芹，等.流域水文模型和 GIS 集成技术研究现状与展望[J].地理与地理信息科学，2003，19（3）.

[47] 王文科，王钊，孔金玲，等.水资源管理决策支持系统与水源优化利用——以关中为例[M].北京：科学出版社，2007.

[48] 张方于. 开放环境下企业决策支持平台的分析与设计[D].武汉:华中科技大学,2005.

[49] 高洪森. 决策支持系统（DSS）:理论·方法·案例[M]. 北京：清华大学出版社,2000.

[50] 惠晓滨，张凤鸣，童中翔，翟绍午.DM 与 DSS 集成的框架体系及建模[J].计算机工程与应用，2002.

[51] 范春晖. 银行贷款评估决策支持系统[D]. 成都:电子科技大学，2009.

[52] 王国华. 决策理论与方法[M].合肥:中国科学技术大学出版社，2006.

[53] 盖迎春，李新. 水资源管理决策支持系统研究进展与展望[J]. 冰川冻土，2012，34（5），1248-1256.

[54] 周雅君. 产品定价决策支持系统分析与设计[D]. 成都:电子科技大学，2010.

[55] 张欣.龙口市平原区地下水脆弱性研究[D].济南：山东大学，2009.

[56] 李玲玲.龙口市平原区地下水污染风险评价研究[D]. 济南：济南大学，2010.

[57] 宋瑞勇.基于 WEAP 模型的龙口市水资源优化配置研究[D]. 济南：济南大学，2011.

[58] Daniel J. Power. Decision support systems：Concepts and resources for managers[M]. Greenwood Publishing Group，2002.

[59] 李帅杰. 鸡西市水资源信息管理系统建设[D].长春：吉林大学，2009.

[60] 曾献奎，卢文喜，王伟卓，孙忠芳. 地下水与地表水耦合模拟模型研究与展望[J]. 人民黄河，2009(11)：47-49.

[61] 王文圣，金菊良，李跃清. 水文随机模拟进展[J]. 水科学进展，2007（05）：768-775.

[62] 水利部水资源水文司.SL/T238—1999 水资源评价导则[S].北京：中国水利水电出版社，1999.

[63] 邹敏. 基于 GIS 技术的黄水河流域山洪灾害风险区划研究[D].济南：山东师范大学，2007.

[64] 杨圣军. 基于 RS 与 GIS 的黄水河流域生态安全评价研究[D].济南：山东师范大学,2007.